手沖咖啡的第一本書

達人私傳秘技！新手不失敗指南

2014 年台灣
「咖啡掛耳包競賽」第一名達人
郭維平 著

朱雀文化

推薦序

知易行難　知難行易　手沖的奧秘

生活中的咖啡應是簡單的美味，不必昂貴且隨手可得的一種幸福。如果想要有些品味，買個新鮮咖啡豆在家中或辦公室裏來個簡單的手沖，無疑是最經濟浪漫的一招了。

這種看似簡單的咖啡手沖，往往令許多初學者有挫折感。水溫、流速、下水角度高低、手勢、研磨粗細、器材功能、咖啡豆烘焙的深淺等的變化，這些門檻和絕竅在在左右著萃取的結果。如果有一本工具書以深入淺出的解說，點出這些手法技巧，自可有神來一手的美味咖啡了！

維平老師教學無數，並且擔任多項咖啡競賽之主辦人及評審裁判工作。以其豐富的資歷和經驗，在本書中以淺顯易懂的文字點出萃取的原理及技巧，並教授初學者如何分辨口感風味及品賞咖啡，進而能選購到自己喜愛的咖啡。

過去數年間，台灣所產咖啡的品質及後製處理技術有長足的進步，引起了消費者的注意和好奇，想一探台灣咖啡的口感風味。這本書的另一特色是老師親訪曾在台灣咖啡評鑑中表現優異的咖啡農民及其產地，探究得獎的原因和他們咖啡的特色。由農民們現身說法表現自己咖啡的特性及後製處理法及最佳表現的烘培度等等，再以自家手沖的方式做最佳萃取，以表現這支豆子的最佳風味。消費者可直接向得獎農民訂購自己喜好的口感風味的豆子，無疑是對台灣咖啡最佳的鼓勵和宣傳。

這是一本好的工具書，減省了消費者摸索和學習手沖的時間，同時提供了台灣優質咖啡豆的指引，真是一舉數得。維平老師不僅在教學領域中推廣健康優質咖啡並貢獻時間心力在協會工作，是我的好夥伴也是我尊敬的老師。

台北精品咖啡商業發展協會．
創會榮譽理事長

陳若愚

2016.01.15

推 薦 序

好豆、好烘焙、好技法　成就一杯完美手沖咖啡

咖啡，從豆子到杯子，是結合農業、工業、服務業所產出的結晶。

台灣的咖啡文化由早期的商業咖啡，近年來朝向精品咖啡蓬勃發展，重視咖啡豆的品質、新鮮、烘焙度、沖煮技法以及專業用心的服務形態，展現出咖啡生動而多元的風貌。影響所及，國內咖啡的種植區域也逐漸擴展起來，咖啡如今已成為許多人生活不可獲缺的一部分了。

台北市在 2012 年登上 USA Today 票選世界十大咖啡城市之一。走在台北街頭，時不時在轉角處、巷弄間發現極具特色的咖啡館，提供優質的咖啡及舒適精緻的個性空間，吸引無數來自各國旅人驚艷流連。而一杯好咖啡，簡單說就是咖啡豆新鮮，經過合適的烘焙，細心沖煮出的健康、香醇，又療癒人心的佳飲，而其中包含著無數職人的用心與技術！

2014 年初台北市職能發展學院正規劃辦理年度職能培育課程時，接獲從中美洲考察回來長官們的指示，配合姊妹市將在台北市推廣咖啡豆，請學院在六個月內規劃辦理精品咖啡師的評定。學院多年來開辦飲料調製課程，並搭配檢定考試，但並無單獨辦理精品咖啡師課程及評定的經驗。經多方請益、協調，整合產官學的力量，終於在維平所屬的團隊—台北精品咖啡商業發展協會，以及台灣咖啡協會的鼎力協助下，共同促成了首次政府與民間合作辦理的精品咖啡師評定，而維平，正是這次評定的評審長。在完全比照國家技能檢定規格的評定過程中，從課程的規劃實施，評定項目及指標訂定，評定過程的檢定項目，設備配置及評定當天流程管控，擔任評審長的維平指揮若定，是讓整個評定活動順利完成的靈魂人物。

維平與賢內助依姍這對咖啡伴侶，携手在咖啡領域精進努力多年，自營的「313 咖啡魔豆屋」所出的咖啡，更是台北市政府咖啡比賽中的常勝軍。維平不僅獨善其身，更樂於分享咖啡的知識與技能予有興趣投身咖啡產業的後進，受聘於科技大學、職業訓練機構教授課程及講座活動。這次很開心看見他將多年在咖啡產業的功力，以手沖方式來介紹台灣咖啡的迷人風貌，絕對是咖啡職人必備的秘笈，而同時也是咖啡愛好者不可錯過的好書！

臺北市職能發展學院 主任

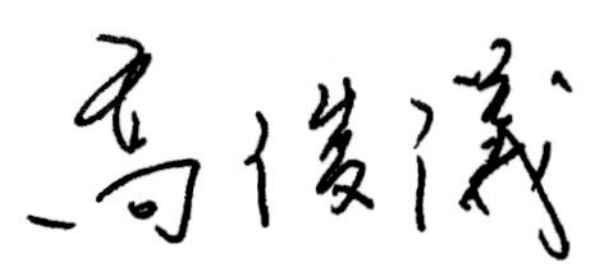

推薦序

化苦為甜的的咖啡魔法師

咖啡，對很多人而言（包括我在內），是一種不可或缺。不管是為了工作提神，或是用它的氣味幫靈魂餵以養分。

三十幾年來天天喝，深感要找到滿足前者的好咖啡，非常容易；然而，觸動靈魂深處的咖啡韻味，可非垂手可得。閒暇時，偶而自己動手磨豆沖泡，或是找家安靜的咖啡館坐下，撲鼻香氣伴著嘶嘶水聲、裊裊蒸氣，慢慢送進嘴裡，視覺、聽覺、觸覺、嗅覺與味覺都是享受。不過，最愛的黑咖啡味覺始終只有濃淡與酸苦，直到喝了本書作者郭維平的咖啡。

與郭維平結緣於我擔任計畫主持人與品牌顧問的台北市美食再造專案，他與妻子創辦的313咖啡入選成為5個店家之一。在他們店裡，驚訝地第一次喝到有甘甜味的咖啡。原來，一般坊間在烘豆時，多以色澤判斷烘焙的熟度，少有將豆子烘到完全熟透的。而313 Café不論淺焙或重焙，都能讓每顆咖啡豆的中心點熟透，品嘗時，果酸的香氣會快速化開滑過口腔，產生回甘的香甜味以及愉悅柔和的酸感。

郭維平擁有許多國際咖啡證照，曾出任多項咖啡相關評鑑與賽事之評審。由他親自配製的掛耳式咖啡，也連得2014台北咖啡黑咖啡組首獎、創意組三獎。13年鑽研苦學，烘焙、手沖的功夫當然不在話下，這也是他得以出書的重要因素。但是他的咖啡，除了技術，更迷人的是態度。

烘焙師對風味各有不同詮釋，但以苦味為主旋律的咖啡，郭維平卻堅持一定要提煉出甜味。提味過程既像是變魔術，也像跟一個歷盡風霜的滄桑女子談戀愛，深入了解她的內心後，想辦法把她溫柔甜美的一面挖掘出來，然後再一一焠煉出其他風情。

但好喝的咖啡不應該只有一種規則。因為常擔任評審，郭維平認識了許多種植好咖啡豆的台灣農莊，每個莊主各有一套自家手沖法獨門撇步，他一一收錄在書裡。因而，本書不僅做為手沖咖啡入門者的學習寶典，更是各路高手展示咖啡哲學的小櫥窗。

想要探索咖啡的無限可能嗎?本書是非常好的導航。人生苦澀難免，藉由一杯親手沖泡的咖啡，打點打點化苦為甜！

甦活創意管理顧問公司 總經理

張庭庭

作者序

每杯手沖咖啡，都有另一個可能

自 2003 年進入咖啡這一行業，至今約 13 年，雖累積有一些小小心得，但也了解咖啡之所以有趣，就好像是當你捕捉到一點心得，把美味呈現出來時，但往往一回神又發現許多的可能性，就算以往所遵循的法則或手法，昨是今非似乎也無須太驚訝！就好像嘉義梅山三十六彎公路，每個彎道就像一次的回顧又提升，都深藏有許多驚豔。

咖啡經過三波浪潮的變化，最終仍須回歸以人為出發點，就像挪威咖啡世界冠軍 Tim Wendelboe 曾說：「我不知道第四波咖啡風潮是什麼，那是什麼東西？我未來的計畫很清楚：盡可能做出最好喝的咖啡。」這也是，希望這本書帶給初接觸手沖咖啡的朋友們，先從文化面：咖啡與手沖起源，再到農業面：咖啡豆品種與後製處理，再至工業面：咖啡烘焙與風味，再至咖啡業面：沖泡工具與技術，最後回歸生活面：五感咖啡美學與風味校正等等，由淺入深廣泛的分享。

其中特別推薦台灣咖啡豆篇，這也是我最喜歡的一篇，雖然礙於篇幅無法對全台咖啡農莊介紹，但希望拋磚引玉的介紹 11 家分布台灣各地的咖啡農莊，這些農莊皆是近年評鑑與競賽的表現優異常客，因此介紹從咖啡豆後製處理，到所延伸出來的風味，再更進一步請各農莊無私分享「獨門」的手沖技法，讓讀者也可以藉由手沖臨摹各家台灣好豆原始風味，品嘗發覺更多台灣之美。

當然我們知道手沖咖啡有許多可能性，無法以偏蓋全，因此期盼藉由此書，做為人們之間創新與聯結的起點，並在追求技術精進後，或許讓科學暫時退場，回歸五感，完全體會咖啡之美。

這本書要特別感謝朱雀文化莫總經理的寫書邀約，及十多年前學習攝影的吳美玉老師與師丈胡武雲先生，不只愛品嘗咖啡，更愛分享好咖啡。

最後，要特別感謝TIAMO禧龍企業股份有限公司，對手沖咖啡器具的贊助與支持，與米家貿易借了一整天場地與各式器具讓我們拍照，當然還有一直支持與鼓勵我的安晶咖啡陳若愚總經理、台北職能發展學院高俊儀主任、SOHO雜誌創辦人張庭庭總經理，還有默默陪伴我寫書、找資料、拌嘴的Jean，謝謝！

也謝謝所有愛嗜咖啡之人。

郭維平 敬上

2016.02.01.

CONTENTS
目錄

CHAPTER 1
認識咖啡

CHAPTER 2
手沖神器
大補帖

CHAPTER 3
用神器沖杯
好咖啡

CHAPTER 4
創意咖啡

CHAPTER 5
咖啡的好搭檔

CHAPTER 1
認識咖啡

咖啡源起 coffee

1.牧羊人傳說（六世紀）

咖啡的發現有多種傳說，其中最知名的就是根據羅馬語言學家羅士德・奈洛伊（1613-1707年）於《不知睡眠的修道院》一書中記載：

大約六世紀時，阿拉伯的牧羊人卡爾迪常在放牧時，看到羊群顯得很興奮活蹦亂跳，甚至會站立起來與人一起跳舞般。他覺得很奇怪，後來經過仔細觀察發現，這些羊群是吃了某種灌木樹上紅色漿果才會如此興奮不已，卡爾迪(Cody)也好奇地嘗試吃了一些，發覺這些果實酸酸甜甜很好吃，吃後也發覺精神變好。

後來，一位回教長老路經這裡，卡爾迪告知這紅色小果實的神奇效力，長老親試過後，發現真的神清氣爽，便將這種不可思議的紅色果實帶回家，並分給其他的教友們煮水來喝，其神奇效力也就因此傳播開來了。

- 「牧羊人傳說」真的只是傳說，而且還有多種咖啡起源說法。
- 可以確定的是，依索比亞是咖啡起源地，並且是由回教徒將飲用咖啡的習慣傳播開來的。

2. 手沖咖啡的歷史 （任意門：新手的手沖技巧練習P.56）

手沖咖啡簡單的說，就是透過手沖壺、濾杯、濾紙，讓熱水有效率的通過咖啡粉，溶解出咖啡粉內的可溶性物質。

這樣簡便的沖泡方式，是1908年由一位德國籍家庭主婦——美利塔・本茨（Melitta Bentz）所發明。在她發明之前，人們喝咖啡時多以布袋過濾咖啡渣。但因布袋保存與清潔不易，使用幾次後就可能產生不好的味道，容易影響咖啡原本的風味。

她為追求一杯口感乾淨的咖啡，就拿兒子的筆記本的紙張做為濾紙使用，恰好這張紙是過濾效果很不錯的吸墨紙，加上她同時還使用銅罐，並於底部挖洞，於是濾紙加上銅罐的組合，發明了世界上第一個使用濾紙的銅質咖啡濾杯。

- 手沖咖啡是由德國籍家庭主婦——美利塔・本茨（Melitta Bentz）所發明。
- 手沖濾杯的發明是以追求一杯美味、乾淨的咖啡為初衷，就如同「科技始終來自於人性」這句話。

咖啡豆的認識

1.購買方法，先看懂 咖啡豆包裝上標籤

A. **Nicaragua** 尼加拉瓜 安晶莊園 **Fruta del Café™** ：
2013 International Coffee Tasting 金質獎章（Gold Medal）

B. 海拔：1200m

C. 品種：Caturra

D. 處理法與風味：全漿果處理法，柚花香和尾韻奶油核果的甜潤、巧克力、茶韻

E. 烘焙度：中烘焙（果酸味柔、甜味佳、苦味低）

F. 烘焙者/日期：William 2016/2/15

G. 賞味建議：10 天後～90天內（保存180日內）

- 選購咖啡豆請先看懂包裝袋外資訊，其中最重要的三個：烘焙日期、烘焙度、風味介紹，一定要注意。
- 烘焙日期：深焙豆建議購買烘焙日起算兩週內，淺焙豆建議購買烘焙日起算一個月內咖啡豆，並儘快喝完。
- 烘焙度：越淺烘焙表示酸味越強，越深烘焙表示苦味越強，與生產地關係不大。
- 處理法/風味：可了解飲用時的風味類型，比起評鑑分數，更有參考價值。
- 品種：阿拉比卡只是一個大分類，像其中最夯的藝伎品種咖啡豆雖好喝，但也較貴，或許找一家獨立的自家烘焙咖啡店老闆，請他推薦高C/P值的咖啡豆吧！

2.標示品項說明：

A.產地：標示咖啡生產資訊，例如國家、地區、處理場或農村、莊園。

B.海拔：

一般來說高海拔地區日夜溫差大，咖啡漿果生長緩慢，從開花到成熟，較低海拔的漿果會多出兩個月的時間，因而質地較堅硬，內容物也較豐富，香氣較濃郁，口感較醇厚，風味較佳。

阿拉比卡品種咖啡種植的海拔越高，咖啡因的含量也常會隨海拔高度增加而降低，但其生長高度是有極限，在赤道地區約海拔2,100公尺，在南北迴歸線地區約海拔1,200公尺，所以台灣種植的咖啡樹除因面向會有些差異外，最高多為1,200公尺上下，再高就易發生寒害了。

C.品種：

咖啡屬於茜草科咖啡屬的常綠灌木，市面上喝到的是其分支品種，有以下兩種：

● 羅巴斯塔咖啡（robusta coffee）
外觀：源自剛果，豆形較短小。
口感：缺乏香氣，苦味較強、酸味少，多做調和咖啡、綜合咖啡。
產量：全球產量約20～25% 越南為主要生產國。
咖啡因含量：2～4%。

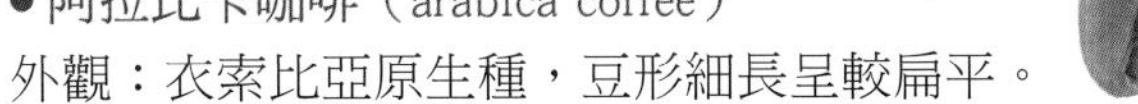

● 阿拉比卡咖啡（arabica coffee）
外觀：衣索比亞原生種，豆形細長呈較扁平。
口感：風味多元，香氣較佳，可做單品咖啡。
產量：全球產量約75～80%，巴西、哥倫比亞為主要產國。
咖啡因含量：1.1～1.7%。

阿拉比卡亞種

喝咖啡當然優先選擇喝阿拉比卡種，除認識這兩大品種外，還可延伸認識阿拉比卡幾個知名的亞種：

古老原生種：

a.鐵比卡（Typica）：香氣佳、酸味溫和、有很好的body。

・鐵比卡變種：巨型象豆（Maragogype）、藝伎豆（Geisha，與日文中的藝伎【げいしゃ、geisha】同音）、摩卡（Mokka）等。

b.波旁（Bourbon）：酸味明亮、甜度與複雜度高、風味細緻。

・波旁變種：卡拉杜（Caturra）、帕卡斯（Pacas）、薇拉莎琪（Villa Sachi）等。

c.鐵比卡變種＋波旁變種的混血品種：帕卡斯＋巨型象豆＝帕卡馬拉（Pacamara）。

特別介紹

「被上帝吻過的咖啡」—藝伎咖啡

這是阿拉比卡（Arabica）演變來的鐵比卡（Typica）變種——藝伎咖啡，跟日本的藝伎完全沒有關係喔！

此品種是在 1931 年於衣索比亞西南方「藝伎森林」裡被發現的，但是藝伎咖啡卻是到了 2002 年於巴拿馬翡翠莊園才再度被發掘，並在精品咖啡界中大放異彩。

2005、2006、2007 年囊括巴拿馬國寶豆杯測賽首獎，2007 年美國精品咖啡協會轄下的烘焙者協會杯測賽首獎，獲頒「世界最佳咖啡」頭銜，更以每磅 130 美元創下世界競標成交價記錄。

藝伎咖啡 DATA

咖啡品種：Esmeralda Special （Geisha）藝伎
咖啡產區：巴拿馬 /Hacienda La Esmeralda 翡翠莊園
種植海拔：1,600 ～ 1,700 公尺
等級：SHB（Strictly Hard Bean）極硬豆
莊園咖啡處理法：水洗法、日晒法
產季：2 ～ 3 月
風味：茉莉花香、熱帶水果香甜、柑橘類果酸、酸甜平衡

- 北回歸線經過台灣嘉義與花蓮，因此台灣中部以南，海拔1,200公尺以下種植許多咖啡。
- 喝咖啡優先選擇喝阿拉比卡種，除認識這兩大品種外，還可多記得幾個知名的亞種：Typica（鐵比卡）、Bourbon（波旁）、Geisha（藝伎）

D.處理法與風味：

咖啡風味除受品種、種植、氣候等因素影響，後製處理法更對風味有關鍵的影響力；從風味介紹就可以理解，常見的處理法有水洗、日晒、蜜處理法。

- 水洗法風味類型：香氣優雅與果酸味明亮，風味也較乾淨。
- 日晒法風味類型：果香味豐富及果酸味略低，甜度佳，常帶有酒香調性。
- 蜜處法風味類型：酸度降低、蜜糖甜為主、醇厚度增強。

而蜜處理法依果肉的留存率又分為：80%果肉「黑蜜」；60%果肉「紅蜜」；40%果肉「黃蜜」；20%果肉「白蜜」；皆各展現不同的風味。

雖然咖啡風味有許多影響因素，其中烘焙度與酸、甜、苦有更直接的關係，但各大洲仍能約略區分不同的主要特色。

- 非洲日晒豆：水果風味、酸味柔和
- 中美洲水洗豆：花果香味、酸味明亮
- 亞洲豆：醇厚口感、酸味趨弱

E.烘焙度：

最直接影響咖啡的酸、甜、苦程度，以及呈現風味的主要調性，一般來說烘焙度越淺風味會較趨於清爽，但果酸較強，而烘焙度較深的話，滋味易較濃醇，苦味也會較強。這是為什麼建議選購咖啡豆前，要先了解烘焙度的原因。

淺烘焙：1爆結束前後，香氣奔放、口感明亮、質地乾淨。
酸味強、甜味弱、苦味近無

中烘焙：1爆～2爆中間，香氣優雅、口感柔順、質地細緻。
酸味弱、甜味佳、苦味近弱

深烘焙：2爆開始，香氣內斂、口感甘甜、質地厚實。
酸味近無、甜味弱、苦味強

淺烘焙　　中烘焙　　深烘焙

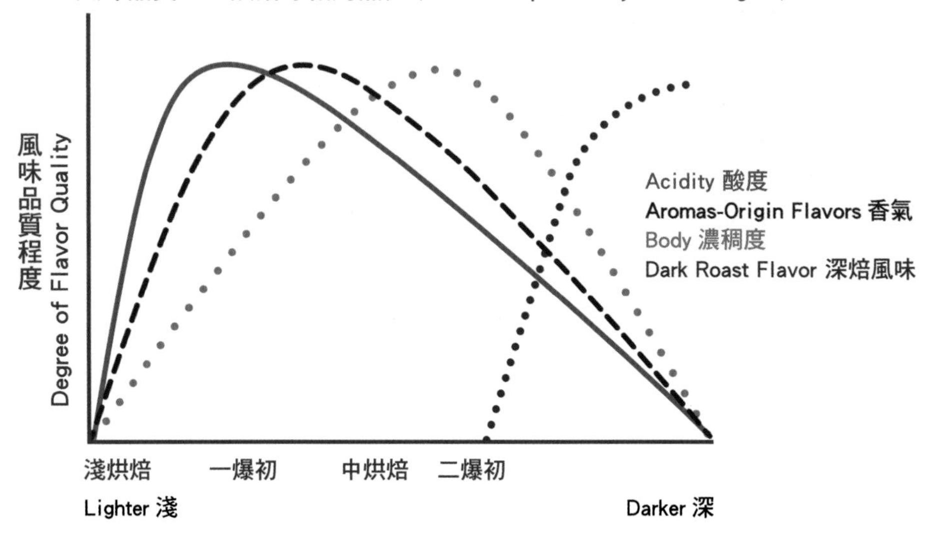

F.烘焙日期：

咖啡豆選購沒有比新鮮更為重要，咖啡豆一經完成烘焙，就會開始將烘焙時於咖啡豆體內產生的二氧化碳排出，排放的同時也會開始帶走它的芳香物質，並會隨著氧化而走味。

G.賞味建議：

因此烘焙日也代表賞味期的倒數結束的起算日，建議只購買烘焙日起算一個月內的咖啡豆，並約於2～3個月內享用完畢。

懶人包

- 新鮮咖啡豆，除了可以喝到較豐富的味道外，你還可能會發覺咖啡隨著時間會有不同的風味變化。
- 咖啡因幾乎不會隨烘焙度增加而減少，反而可能因深烘焙的咖啡豆內部纖維質破壞較劇，因此沖泡時較易萃取出更多的咖啡因，同時也因深烘焙的咖啡豆失重率較高，沖泡秤重時易用更多咖啡豆，而使咖啡因量增加。
- 買咖啡豆前，多找咖啡店老闆聊聊「試啡」，看看能否滿足你的咖啡需求。

3.咖啡評鑑分數：

依據美國精品咖啡協會（SCAA）制定的精品咖啡評定規則，specialty coffee咖啡的杯測分數不得低於80分。但是80分以上的豆子不一定就能滿足每個人對於風味的所好，因此在看待評鑑分數時，建議先參考風味敘述類型，如此更能幫助買到自己喜好風味的咖啡豆。

4.得獎

得獎是對咖啡生產者的一種肯定，消費者購買時也較有品質保障，但是往往也代表價格的提升。

5.認證標章

認證標章也是消費者購買時的保障之一，常見的認證標章有：

Organic 有機栽種環境——不使用化學肥料及農藥的農法
Rainforest Alliance Certification 雨林保護認證——保護森林
Bird Friendly 鳥類保護認證——保護鳥類棲息地
Fair trade 公平交易——促進公平交易
Utz kapeh 好咖啡認證——清楚負責咖啡來源以及生產方式
CAS 台灣有機農產品標章——產品通過農委會認證的有機農產品驗證機構驗證合格

- 評鑑、得獎、認證代表是品質的保障，也可能是價格的提升，但最重要的還是參考風味說明，才能幫助你挑選到喜愛的咖啡豆。
- 台灣也有生產有機咖啡，2015台灣有機咖啡評鑑獲得優選的莊園：有機龍咖啡生態園區/古永龍、藤枝馬里咖啡/林彩娥、東香有機咖啡園/朱志成、蘇利爸刻咖啡莊園/許德明。

台灣咖啡豆巡禮

台灣位在亞熱帶與熱帶交界地區，多山、多水、陽光充足、土壤通水性佳、遮蔭作物豐富，皆是優質咖啡豆生產的必要條件，因此在日據時代是東亞最大的咖啡豆輸出國家，但自台灣光復後，咖啡生產不受到重視，咖啡豆種植遂逐漸式微。

現今咖啡已是全球飲食文化之一，台灣各地咖啡店林立，喝咖啡已經是全民運動，因而帶動了台灣咖啡種植。台灣獨特的地形與氣候，形塑了台灣本土咖啡特色，加上這幾年在咖啡農及眾多產學專家的努力下，其細膩的風味在全球精品咖啡界具有一定的知名度。接下來要介紹台灣這幾年各地頗具特色的咖啡農，讀者有機會也可以試試台灣咖啡的在地風味。

順著國道6號公路一路順暢的來到向陽咖啡，看了一下時間，剛好是早上9點。而老闆似乎早已經在工作了！一見面直開咖啡話題，邊聊著邊沖著咖啡，可以感到這位咖啡農，對於自己的咖啡事業的投入，不只熟悉所有後製處理法的細節，更對品質穩定與風味呈現，有著敏銳的心思。謙虛的交流學習，讓我受益匪淺，真是很棒的體驗開始。

海拔：800～1,000公尺

採收季：每年11月～翌年4、5月，漿果全紅，人工採收。

烘焙機：有偉1公斤

得獎記錄

2015年 農糧署全國台灣咖啡生豆評鑑 其它處理組特等獎

2011年 中部地區精品咖啡評鑑 頭等獎（中區A咖．啡比尋常）

2010年 美國精品咖啡（SCAA）大賽 入圍

2010年 台灣精品咖啡豆評鑑 貳等獎

2009年 台灣精品咖啡豆評鑑 貳等獎

2008年 台灣精品咖啡豆評鑑 參等獎

處理法：

・水洗法

純水洗14～16小時→高架床日晒

乾式發酵一晚→水洗靜泡6小時→高架床日晒

—烘焙度：中烘焙

—風味：酸微、甜味佳、風味純淨，一般大眾接受度極高。

—價格：1,200元/1磅、1,600元/1磅（Peaberry公豆）

・日晒法

機器乾燥2天2夜，仿非洲日照至果膠乾固，再經太陽日晒22天。

—烘焙度：中烘焙

—風味：榛果甜香、甜感滑順、風味純淨

—價格：1,800元/1磅、2,200元/1磅（冠軍批次）

・蜜處理法

104年6月榮獲美國咖啡品質學會（CQI）的評比86.08高分

—風味：複雜的甜香、溫熱喝甜感極佳，放涼喝時，有蜜桃果酸甜味。

—價格：1,400元/1磅、2,000元/1磅（冠軍批次）

獨家手沖技法

濾杯：TIAMO玻璃錐形濾杯＋玻璃壺

手沖壺：BONAVITA可調溫咖啡電沖壺

咖啡豆10克：水225ml

磨豆機：小飛鷹3號研磨度

水溫：91～92℃

不斷水法：清洗濾紙→悶蒸約30秒→穩定注水至預定水量（以TIAMO電子秤輔助控制注水量）

DATA

地址：南投縣國姓鄉中正路一段206之5號

電話：04-9272-1430

負責人：林言謙

運費：單次購買2,000元以上免運費

（購買時請告知《手沖咖啡的第一本書》推薦）

2 雲林縣 古坑鄉嵩岳

以往到古坑參與評鑑，公布成績榜單時，嵩岳咖啡年年名列前茅，但卻從不見老闆郭章盛。後來知道他必須到「綠色隧道」擺攤，因為「在這裡自己賣自己種的咖啡攤並不多，因此更需要親自出馬，向到訪古坑的遊客介紹什麼才是台灣正港的咖啡風味。」郭章盛老闆這樣說。

拜訪農莊時，老闆向我如數家珍的介紹每顆咖啡樹，就像是自家的孩子般；回到工廠，更看見阿公、阿嬤認真一顆顆的挑豆，把瑕疵豆、豆皮等，毫不馬虎的剔除，完整的實現精品咖啡的定義「從種子到杯子」的嚴謹。

海拔：1,200公尺
採收季：每年11月～翌年5、6月，漿果全紅，人工採收。
烘焙機：慈林3公斤，1磅以上可客製烘焙度。

得獎記錄

2015年 農糧署全國台灣咖啡生豆評鑑 其它處理組 金質獎
2013年 雲林縣模範農民
自由時報（1月4日）達人試喝評選全台20品牌達人推薦第一名
農糧署全國台灣咖啡生豆評鑑 水洗、部分發酵組 三等獎
2012年 農糧署首屆 全國台灣咖啡生豆評鑑 特等獎（水洗、部分發酵組雙料冠軍） 雲林縣農民節表彰大會十大精英農民
2011年 台灣咖啡節 全國台灣咖啡生豆評鑑 特等獎（全國冠軍）
美國scaa世界精品咖啡比賽83.6分 台灣參賽者最高分
2010年 美國scaa 世界精品咖啡比賽82.8分 台灣參賽者 冠軍
台灣咖啡節 全國台灣咖啡生豆評鑑 頭等獎
2009年 台灣國際咖啡節 台灣咖啡烘焙大師競技 冠軍

處理法：

・水洗法

乾式發酵10～30小時（視氣溫調整）→太陽日晒約一～二週（視陽光強度）

乳酸菌快速發酵一晚→日晒1～2週（視陽光強度）

—烘焙度：中～中深烘焙

—風味：花香、堅果、奶油、酸微、甜感、醇度滑順，風味平衡乾淨。

—蜜處理，脫皮日晒9天

—風味：果酸微、醇厚甘甜，酒甜香

—價格：800元/半磅，極頂配方豆（水洗＋蜜處理綜合）

・日晒法

太陽日晒約20天

—烘焙度：中～中深烘焙

—風味：柑橘、奶油、可可、酸微、甜味佳、醇度黏稠，風味平衡乾淨。

—價格：1,500元/半磅（醇韻日晒）

獨家手沖技法

濾杯：HARIO玻璃錐形濾杯＋玻璃壺

手沖壺：HARIO V60壺

咖啡豆8克：水150ml

磨豆機：小飛鷹2.5號研磨度

水溫：90℃

不斷水法：悶蒸→穩定大水流注水→控制注水量與萃取流下至玻璃壺的量相接近→約濾杯8分滿停止注水

DATA

地址：雲林縣古坑鄉草嶺村石壁70號

訂購電話：0937-292-176

電子郵件：happy.g292176@msa.hinet.net

負責人：郭章盛

運費：單次購買2,000元以上免運費，購買2,000元以下，運費100元

（購買時請告知《手沖咖啡的第一本書》推薦）

3 嘉義縣 鄒築園咖啡

來到鄒築園位於的山谷，開濶的視野，讓人心曠神怡，待喝一杯咖啡後，身心靈更是全然的放鬆，而關於他們家得獎的次數應該無需贅述。

這次拜訪，內心把重點放在他對咖啡豆的後製處理法。記得多年前在一場全省巡迴推廣酵素處理的研討會上，他總是最認真的聆聽與發問，之後也是最「敢」嘗試新方法的農民，因此每年評鑑會場，總會喝到不同以往且令人驚艷的「創作」，我想他的咖啡正往成為世界級的好咖啡邁進。

海拔：1,200～1,300公尺

採收季：每年11月～翌年4月，漿果全紅，人工採收。後製處理法採用機器乾燥輔助，控制發酵程度，並縮短時程，將風味醇度與乾淨度提升。後製處理後帶殼靜置6個月後熟。

烘焙機：慈林3公斤，烘焙時間12～13分鐘/鍋，1磅以上可客製烘焙度。

得獎記錄

2015年 農糧署全國台灣咖啡生豆評鑑 水洗組 特等獎、其它組 頭等獎

2014年 N235 台灣高優質精品咖啡豆、水洗組 特等獎、其它組 特等獎
Cofee Review 水洗處理93分

2013年 農糧署全國台灣咖啡生豆評鑑水洗 貳等獎、其它組 三等獎

2012年 Cofee Review蜜處理93分、日晒處理91分

2011年 嘉義咖啡協會 三等獎

2009年 SCAA年度最佳咖啡第41名

2008年 古坑臺灣咖啡評鑑 三等獎

2007年 古坑臺灣咖啡評鑑 特等獎

處理法：

・水洗法

漿果先陰乾→乾式發酵一晚→日晒一週→高架床日晒

—品種：卡度拉

—烘焙度：中烘焙

—風味：柑橘類果酸、甜感、茶香、口感清爽

—價格：900元/半磅、500元/10包（掛耳包）

・日晒法

輕發酵，日晒2週內（或含機器乾燥3天）

—品種：蘇門答臘鐵比卡

—烘焙度：中烘焙

—風味：輕發酵酸甜、桂圓，醇厚滑順、涼後酸甜佳

—價格：1,500元/半磅、850元/10包（掛耳包）

・蜜處理法

黃蜜，10天內乾燥（或含機器乾燥3天），

—烘焙度：中烘焙

—風味：蜜桃、李子、水果甜味佳、口感滑順

—價格：1,200元/半磅、650元/10包（掛耳包）

特別推薦

咖啡漿果茶包

擁有滿滿的甜桂圓風味，

500 元 /10 包（浸泡式茶包）

獨家手沖技法

濾杯：KALITA三孔扇形濾杯

手沖壺：KALITA POT 900細口銅壺

咖啡豆25克：水300ml（約3分鐘完成）

磨豆機：MAHLKONIG GSS1L磨豆機 手沖研磨刻度

水溫：87℃

斷水法：悶蒸40秒→穩定注水1分30秒→停頓20秒→再穩定注水1分50秒後停止→再待30秒讓濾杯咖啡液流至玻璃壺

關鍵：搭配計時器，並控制注水量與萃取流至玻璃壺的咖啡液量接近，約濾杯7～8分滿停止注水。

DATA

地址：嘉義縣阿里山鄉樂野村2鄰71號

電話：0936-114-467

負責人：方政倫（咖啡王子）

運費：單次購買1磅以上咖啡豆免運費（購買時請告知《手沖咖啡的第一本書》推薦）

嘉義縣 陳皇仁 莊園咖啡

嘉義「梅山36彎」之28彎，有著一位熱情、專注的咖啡農，他不只用謙虛、平實對待每一顆咖啡豆，對於手沖咖啡，更就像他人生態度，一圈一圈扎實穩步的注水，沒有太多裝飾，只有樸實的呈現。

來到這裡沒有太多寒暄，完全直來直往的從咖啡栽種、後製處理、沖泡談論，看的出實事求是的態度，特別是一路談到牆上掛著台灣咖啡節的比賽報告時，更是詳細挖掘所代表的意義，「台灣咖啡三冠王」實非浪得虛名。

海拔：850公尺
採收季：每年11月～翌年4月，漿果全紅，人工採收。
烘焙機：楊家4公斤

得獎記錄

2012年 台灣精品咖啡豆評鑑 貳等獎
2010年 台灣精品咖啡豆評鑑 冠軍
2009年 台灣精品咖啡豆評鑑 冠軍
2008年 台灣精品咖啡豆評鑑 冠軍

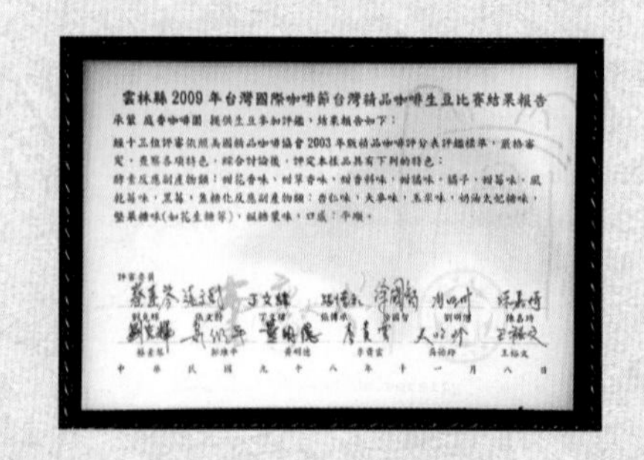

雲林縣2009年台灣國際咖啡節台灣精品咖啡生豆比賽結果報告

承蒙 庭香咖啡園 提供生豆參加評鑑，結果報告如下：

經十五位評審依照美國精品咖啡協會2003年版精品咖啡評分表評鑑標準，嚴格審定，臚列各項特色，綜合討論後，評定本樣品具有下列的特色：

酵素反應副產物類：甜花香味、甜草香味、甜香料味、甜橘味、橘子、甜莓味、風乾莓味、黑莓、焦糖化反應副產物類：杏仁味、大麥味、果漿味、奶油太妃糖味，堅果糖味(如花生糖等)，纖維質味，口感：平順。

評審委員

中華民國九十八年十一月八日

處理法：

・水洗法

浸泡約14～17小時→高架床日晒約26天

—烘焙度：中烘焙

—風味：柑橘類果酸、黑巧克力、甜感、醇厚滑順

—價格：1,800元/1磅

・日晒法

日晒30天（若山上日照不足，會移往日照較充足的山下繼續日晒），再帶殼靜置3～4個月後熟

—烘焙度：中烘焙

—風味：熱帶水果風味、波蘿蜜，甜感佳、醇厚滑順

—價格：2,500元/1磅

・蜜處理法

漿果低溫陰乾2～3天，去皮日晒35天→再帶殼靜置3～4個月後熟

—烘焙度：中淺烘焙

—價格：2,200元/1磅

獨家手沖技法

濾杯：HARIO V60 02錐形濾杯

手沖壺：TIAMO不鏽鋼細口壺附溫度計900ml

咖啡豆15克：水180ml（約1:12）

摩豆機：TIAMO 700S平刀4.5號研磨度

水溫：88～90℃

不斷水法：注水悶蒸後視膨脹度→一圈一圈平穩的注水→水注由小漸大→觀察玻璃壺至2杯量位置

地址：嘉義縣梅山鄉太平村平路1號（28彎）

電話：0928-391-866

負責人：陳皇仁（台灣咖啡三冠王）

運費：單次購買1磅以上咖啡豆免運費

（購買時請告知 《手沖咖啡的第一本書》推薦）

嘉義縣 卓武山 咖啡農場

實在時間來不及了，需要越過一個山頭再一個山頭才能到卓武農場，這回只好改去一探位於嘉義市區的門市，至於卓武咖啡農場留待下回了。

雖然是臨時通知拜訪的不速之客，咖啡農許峻榮的兒子許定燁，被「緊急召回」向我介紹卓武山咖啡。他擁有SCAA CQI Q Grader杯測師與SCAE的咖啡認證，對於品質的把關，更可以從自家的後製處理法，到杯中呈現的風味，同時也更因貼近消費者，反而讓咖啡更平易近人，可以從不論是來喝咖啡，或是買咖啡豆的客人更是川流不息中印證。

海拔：1,200公尺

採收季：每年12月～翌年5月，漿果全紅，人工採收後，低溫靜置後熟。後製處理法採用機器乾燥輔助，縮短時程。

烘焙機：台製鄭道堯老師1公斤，烘焙手法為快烘5分鐘/鍋，1磅以上可客製烘焙度。

得獎記錄

2015年 農糧署 全國台灣咖啡生豆評鑑 金質獎
2014年 農糧署 全國台灣咖啡生豆評鑑 金質獎
2013年 農糧署 全國台灣咖啡生豆評鑑 貳等獎
2012年 農糧署 全國台灣咖啡生豆評鑑 頭等獎
2011年 農糧署 全國台灣咖啡生豆評鑑 貳等獎
2010年 古坑臺灣咖啡評鑑 三等獎

處理法：

・水洗法：
山泉水浸泡約72～168小時→高架床日晒
—烘焙度：淺烘焙
—風味：柑橘類果酸、甜感、風味乾淨、餘韻長
—價格：1,600元/1磅

・半水洗法
乾式去皮發酵48小時→期間以口鼻判斷甜香味出現，即洗去果膠→高架床日晒
—烘焙度：淺烘焙
—風味：百香果、麥芽糖甜香味
—價格：1,600元/1磅

・日晒法
日晒至少1天 （搭配機器乾燥）
—烘焙度：淺烘焙
—風味：熱帶水果、甜玉米、柑橘
—價格：2,000元/1磅

・蜜處理法
去皮日晒（搭配機器乾燥）
—烘焙度：淺烘焙
—風味：桂圓、熟果甜香
—價格：2,000元/1磅

獨家手沖技法

濾杯：HARIO V60錐形濾杯
手沖壺：KALITA POT 900細口銅壺
咖啡豆20克：水350ml（約1:18）
水溫：90～93℃
沖泡時間超過3分30秒
—日晒豆沖法：
磨豆機：小飛馬鬼齒刀盤5.5號研磨度
斷水法：注水30～50ml悶蒸1分鐘→大水流注水100ml→注水100ml→注水100ml
—水洗法沖法：
磨豆機：小飛馬鬼齒刀盤4號研磨度
斷水法：注水30～50ml悶蒸1分鐘→大水流注水100ml→注水100 ml→注水100ml

DATA
地址：嘉義縣阿里山鄉茶山村茶山路109號（農場）
嘉義市民生北路194號（門市）
電話：0937-657-514、0937-657-064、（05）222-5896（門市）
負責人：許峻榮（農場）、許定燁（門市）
運費：單次購買2,000元以上咖啡豆免運費
（購買時請告知《手沖咖啡的第一本書》推薦）

6 嘉義縣 自在山林

自在山林的生活環境，是我夢想的桃花田園生活。園區裡的咖啡樹只栽種自己所能照顧的數量，以自然栽種不使用化肥、農藥為原則，保有田園間原始的生態，並以山泉水灌溉及後製使用。每一顆咖啡漿果都是老闆一家人親自採摘、後製、烘焙與分享，一家人看似各司其職，其實他們完全融入這自在山林之間，連訪客都自然自在了起來。

海拔：1,000公尺

採收季：每年11月～翌年2月，漿果全紅，人工採收，後製處理完成後，帶殼靜置6個月後熟。

烘焙機：咖啡工人4公斤，1磅以上可客製烘焙度。

得獎記錄

2014年 N235臺灣高優質精品咖啡豆競賽 頭等獎

處理法：

・水洗法

浸泡發酵1～2晚（視天候而定）→以山泉水清洗→高架床日晒

—烘焙度：中烘焙

—風味：柑橘類果酸、放涼後酸甜感、順口

—價格：1,500元/1磅

・日晒法

全高架床日晒60天

—烘焙度：中烘焙

—風味：微酸、甜感佳、醇厚滑順

—價格：2,000元/1磅

DATA

地址：嘉義縣番路鄉公田村濫田仔4號

電話：05-258-6523

負責人：蔡健二、高春香

運費：單次購買1,500元以上免運費（購買時請告知《手沖咖啡的第一本書》推薦）

獨家手沖技法

濾杯：HARIO V60銅製錐形濾杯

手沖壺：BONAVITA可調溫咖啡電沖壺

咖啡豆10克：水200ml

小飛馬3.5號研磨度

水溫：90～92℃

斷水法：悶蒸約30秒→穩定注水140ml→停頓約5～8秒→再穩定注水60ml→控制水量約濾杯7～8分滿

7 嘉義縣 富摩咖啡

擔任台灣咖啡生豆評審多年，常有人問我台灣的咖啡好喝嗎？2012年於雲林古坑擔任台灣咖啡評鑑評審時，有一支樣品讓我印象深刻。好似「眾里尋他千百度，驀然回首，那人卻在燈火闌珊處」，評鑑時在眾多樣豆中總是有那麼一支樣品，在盲測豆海中常被純淨的果香味吸引，這是我對地處梅山三十六彎高點的富摩咖啡的初認識。

海拔：900～1,100公尺
採收季：為每年11月～翌年2月，漿果全紅，人工採收。

得獎記錄

2012年 台灣咖啡節精品咖啡豆評鑑 特等獎
2012年 台灣精品咖啡豆評鑑 二等獎

處理法：

・水洗法
以清水浮力挑除瑕疵豆→脫皮→乾式發酵15小時（會視氣溫觀察發酵度）→清水清洗乾淨→日晒乾燥8～10天→帶殼靜置儲存
—烘焙度：中深烘焙
—風味：堅果、焦糖甜香、順口
—價格：1,200元/1磅（咖啡豆）、400元/1盒（掛耳包）

獨家手沖技法

濾杯：TIAMO扇形陶瓷濾杯
手沖壺：TIAMO手沖壺
咖啡豆14公克：水120ml （約1:12）
水溫：約92～95℃
磨豆機：大飛鷹2.5號研磨度
不斷水法：清洗濾紙→注水約30ml→悶蒸30秒→穩定持續注水至160ml後停止，實際流下至玻璃壺約120ml

DATA
地址：嘉義縣梅山鄉龍眼村9鄰龍眼林7號
電話：05-2571-332、0935-331-066
負責人：曾永麗
運費：單次購買2,000元以上免運費（購買時請告知《手沖咖啡的第一本書》推薦）

8 屏東縣卡佛魯岸咖啡

卡佛魯岸（ka-vulungan）為排灣族原住民語，原意為「最高」、「最大」或「最好的」，後來排灣族的祖先們看到雄偉高聳的北大武山主峰，即以「卡佛魯岸」（ka-vulungan）為其命名。卡佛魯岸咖啡所採用的咖啡豆，皆是來自大武山脈的純淨原住民地區。而大武山是南台灣的第一高峰，亦是卑南、排灣、魯凱三族的聖山，也是排灣族祖靈居住的所在。以聖山為名，亦代表其對製作高品質咖啡的堅持跟保證，意為生產在「北大武山」「最好」的咖啡。

海拔：600～1,200公尺
採收季：每年9月中～翌年2月
烘焙機：楊家、慈霖 4公斤

處理法：

・日晒法
以水浮力挑除瑕疵豆→瀝乾→機器乾燥2天→高架床日晒9天→靜置儲存1個月→脫皮篩選完成
—烘焙度：中深烘焙
—風味：柑橘、木質香、餘韻煙燻烏梅香
—價格：800元/半磅

・水洗法
以水浮力挑除瑕疵豆→脫皮→浸泡8～12小時（人工觀察發酵度）→清水清洗乾淨→高架床日晒乾燥12天
—烘焙度：中深烘焙
—風味：巧克力、焦糖、香醇回甘
—價格：650元/半磅

獨家手沖技法

濾杯：HARIO錐形玻璃濾杯
手沖壺：日晒法KALITA POT 900細口銅壺，水洗處理法 TIAMO
咖啡豆20克：水250ml
磨豆機：Mahlkönig EK43、小飛鷹3號研磨度
水溫：約90℃（依烘焙度微調水溫）
不斷水法：
以熱水沖洗濾紙（去除濾紙味）→穩定的緩緩注水，注水勿忽大忽小，或是水柱有破裂的情況，出水的壺口盡量放低。（注水不要沖到濾紙，會增添水味）悶蒸30秒→待下壺萃取出240ml的咖啡液時，移開濾杯。

DATA

地址：屏東縣屏東市瑞民路8號
電話：08-721-5185
網址：taiwucoffee.cyberbiz.co/
負責人：華偉傑
運費：單次購買3,000元以上免運費
（購買時請告知《手沖咖啡的第一本書》推薦）

9 台東縣 金土咖休閒果園

來到台東彷彿時間變慢了，不由自主的想到有著與"第一"道曙光同名的台東"第一"名咖啡，
坐在咖啡園裡居高享受太平洋海風的輕拂，再一邊品味這後山獨享的第一慢活好咖啡。

曾任台東咖啡協會理事長，推廣台東咖啡評鑑制度與產業發展不遺餘力。對於自家的咖啡、黃金果田園管理更以自然生態有機農法為管理原則，秉持不使用除草劑來維護咖啡生長環境。未來將朝向將咖啡與南非葉（國寶茶）結合，發展休閒養生產業。

海拔：400公尺，背山面海（面向東方無西晒，屬天然半日照），享有太平洋海風調節溫濕度。
採收季：10月～翌年4月
烘焙機：日本富士烘焙機（由台東咖啡達人 張博承負責）

DATA

地址：台東縣太麻里鄉華源村八鄰大坑路132號
門市：黑潮浪邊咖啡館
台東縣太麻里三和村135之5號
電話：0972-858-378
負責人：廖添成、廖國宏
運費：單次購買1,600 元以上免運費（購買時請告知《手沖咖啡的第一本書》推薦

得獎記錄

2014年 台東縣咖啡評鑑 金質獎
2013年 農糧署全國台灣咖啡生豆評鑑 頭等獎、三等獎
東部島嶼型咖啡評鑑 特等、頭等、三等獎
2012年 農糧署全國台灣咖啡生豆評鑑 優選
2011年 嘉義國產精品咖啡 豆評鑑比賽 優選
臺東十大經典咖啡
2010年 東部島嶼咖啡評鑑 優選

處理法：

・日晒法
機器乾燥3天→日晒約28天→去果皮殼保存
—烘焙度：中烘焙
—風味：果酸味、甜酒香
—價格：量少無銷售

・水洗法
脫皮→乾式發酵15小時→清水洗淨→日晒7天→帶殼保存
—烘焙度：中烘焙
—風味：略帶天然海鹽味、巧克力、順口
—價格：1,600元/1磅

獨家手沖技法

濾杯：HARIO錐形陶瓷濾杯
手沖壺：KALITA POT 900細口銅壺
咖啡豆20克：水180ml
磨豆機：小飛馬鬼齒刀4～4.5號研磨度
水溫：90～92℃（特別強調高溫沖泡）
不斷水法：小水流持續注水悶蒸，待水滴開始流下玻璃壺暫停注水5秒後，
再開始繼續注水至預定的水量停止。

10 台中市
龍咖啡

只在此山中，雲深不知處，在山裡繞大半天，前不著村、後不著店，GOOGLE地圖失效，幸虧遇到在地人指路，否則還真是到不了這世外香格里拉。

2015年有機咖啡評鑑水洗組與其他處理法，雙料得分最高的農莊，農莊主人古大哥堅持以完全自然有機，並配合生態採植物自然法則種植，而後製處理依照山谷日照時間來調配，孕育出好咖啡。

海拔：970公尺
採收季：每年10月～翌年4月，漿果全紅，人工採收，視漿果批次狀況調整處理法。
烘焙機：小鋼砲300公克

得獎記錄

2015年 台灣有機咖啡豆評鑑標準水洗組，以及部分發酵組 優選獎
2014年 台灣咖啡生豆評鑑 頭等獎（水洗）、頭等獎（日晒）
2013年 台灣精品咖啡豆評鑑 特等獎、頭等獎
農糧署全國台灣咖啡生豆評鑑 頭等獎
2012年 台灣精品咖啡豆評鑑 頭等獎
2010年 台灣精品咖啡豆評鑑 貳等獎

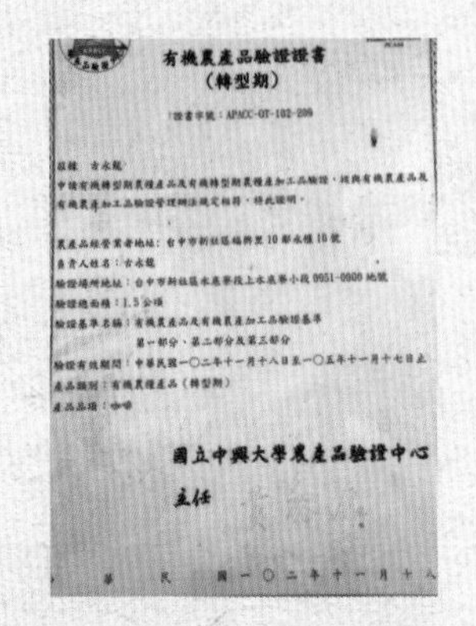

有機農產品驗證證書
（轉型期）

證書字號：APACC-OT-102-209

負責人姓名：古永龍

驗證總面積：1.5公頃

驗證有效期間：中華民國一〇二年十一月十八日至一〇五年十一月十七日止

產品類別：有機農糧產品（轉型期）

產品品項：咖啡

國立中興大學農產品驗證中心

主任

處理法：

・水洗法

脫皮乾式低溫發酵→水洗約10分鐘→日晒

—烘焙度：中烘焙

—風味：蜜桃香，甜感佳、醇厚滑順

—價格：2,000元/1磅

・日晒法

日晒40天（山谷日晒5～6小時/天），

再帶殼靜置3個月後熟

—烘焙度：中烘焙

—風味：酸甜、醇厚順口

—價格：2,000元/1磅

獨家手沖技法

器具：不拘

咖啡豆40克：水500ml

磨豆機：大飛馬3號研磨度

水溫：93～95℃（特別強調需要以高溫沖泡）

斷水法：悶蒸後→注水需斷水1～2次→依照粉水比沖泡量

DATA

地址：台中市新社區福興里永櫃路16號

電話：0933-936-996

負責人：古永龍

運費：單次購買1磅以上咖啡豆免運費

（購買時請告知《手沖咖啡的第一本書》推薦）

11
南投縣 林園咖啡

認識文弘好多年了，只要有任何研習課程、展售推廣，總會見得到風塵僕僕的他在會場，熱情靦腆的推廣自家台灣好豆，即使多年前與他討論關於後製處理的談話，都能如數家珍的再論及，可以看到客家精神對咖啡的執著與努力。

林園咖啡是位於南投縣國姓鄉，海拔高度700～800公尺，種植面積約5公頃、約7,000棵，所種植的咖啡樹為阿拉比卡種。2004年種植至今，自產自銷，種植、管理、採收、精製、烘焙都自己一手包辦，特別採用中興大學農推中心蔡教授的谷特菌＋黑糖＋黃豆來栽培，完全無農藥殘留。

海拔：700～800公尺
採收季：每年11月～翌年3月，漿果全紅，人工採收。
烘焙機：有偉直火式3公斤

得獎記錄

2013年 全國精品咖啡評鑑（水洗組） 參等獎
2012年 國產精品咖啡評鑑 入選
2007～2012年 古坑咖啡比賽 入圍

處理法：

・日晒法
浸泡以浮力篩除瑕疵豆→隔天以機器乾燥（連續7～10天）→靜置2個月後熟→去殼

—烘焙度：中深焙
—風味：甜果&木質&發酵酒香、焦糖、黑巧克力，滑順
—價格：600元/半磅

・水洗法
浸泡以浮力篩除瑕疵豆→去皮→清洗→乾式發酵10～15小時→清洗→機器乾燥→帶殼靜置1個月
—烘焙度：中深焙
—風味：柑橘類果酸微、蜜甜甜，順口
—價格：400元/半磅

・蜜處理法
浸泡以浮力篩除瑕疵豆→去皮→再以浮力篩除瑕玼豆→脫水乾燥→機器乾燥4～5天
—烘焙度：中深焙
—風味：甘甜順口、酸味近無
—價格：500元/半磅

獨家手沖技法

濾杯：HARIOV 60 02錐形濾杯
手沖壺：KALITA POT 900細口銅壺
咖啡豆12克：水180ml（約1:15）
磨豆機：小飛鷹3號研磨度
水溫：約90℃
不斷水法：清洗濾紙→注水約30ml悶蒸20秒→穩定持續注水200ml後停止（以電子秤輔助控製注水量）

地址：南投縣國姓鄉國姓路433-8號
電話：049-272-2016、0926-205-101
負責人：林文弘
網址：www.lincoffee.tw
運費：單次購買2,000元以上免運費
（購買時請告知《手沖咖啡的第一本書》推薦）

2015 年台灣國產精品咖啡豆評鑑得獎名單

傳統水洗組

咖啡農姓名（縣市）	獎項別
方政倫（嘉義縣阿里山鄉）	特等獎
武彥杙（嘉義縣阿里山鄉）	頭等獎
方石華美（嘉義縣阿里山鄉）	頭等獎
陳秉鈞（嘉義縣梅山鄉）	金質獎
許定燁（嘉義縣阿里山鄉）	金質獎
張瑞宏（台中市和平區）	金質獎

其它處理組

咖啡農姓名（縣市）	獎項別
彭婕汝（南投縣國姓鄉）	特等獎
方美倫（嘉義縣阿里山鄉）	頭等獎
張景科（雲林縣古坑鄉）	頭等獎
許定燁（嘉義縣阿里山鄉）	金質獎
方龍夫（嘉義縣阿里山鄉）	金質獎
郭亮志（雲林縣古坑鄉）	金質獎

資料來源：行政院農業委員會農糧署網站

水質

・除了咖啡豆品質要好，水質也很重要！

一杯咖啡之中，水就佔了98%以上，咖啡萃取物只佔不到2%，這表示水很重要！好的水質可以讓咖啡喝起來更甜美、風味更豐富，不好的水質，讓咖啡喝起來平淡，甚至五味雜陳。

一般家裡使用的自來水，除可能含有雜質，而且含有消毒用的氯的成分，因此建議煮沸水之前，務必先將水中雜質與氯過濾掉。同時不建議單純使用純水或RO逆滲透的水，因為如果將水中礦物質過濾得太乾淨，會影響萃取率，沖泡後的咖啡可能喝起來反而較平淡。

- 自來水使用前，建議先用過濾壺或過濾器濾過後再煮沸較好，至於那一個廠牌較好，因每一地區水質不同，建議多試用，可能會有意想不到的效果。
- 不建議使用純水或RO逆滲透的水，因為將水中礦物質過濾得太乾淨，反而使萃取率受影響；也不建議使用山泉水，因為每一地區的山泉水水質均不相同，更不易掌握內容物。

CHAPTER 2

手沖神器大補帖

市面琳瑯滿目的手沖咖啡器具，讓初入門者眼花撩亂，無從下手。
每一種器具設計的目的，都是為了幫助我們沖出一杯好咖啡，但因各有獨特設計之處，
因此沖出來的風味也都各有特色，建議初學者先買一套順手的器具就好。

磨豆機

想要喝一杯香味滿滿的咖啡，將咖啡豆現研磨現沖泡是必要條件，如需連續沖泡多杯時，還是得沖完一杯再磨下一杯的咖啡粉量。因為新鮮的咖啡豆一經研磨，咖啡粉表面積增加，氧化速度相對倍增，同時香氣也更易於消散，因此想要喝一杯好咖啡，務必要先買一台磨豆機，其重要性更甚於沖泡器具。

★家用推薦款：TIAMO FP2506S錐形、卡布蘭莎 CP-560錐形
★進階推薦：KALITA NICE Cut平刀 、FUJI ROYAL鬼齒

TIAMO FP2506S錐形
KALITA NICE CUT平刀

適合的刻度：選購磨豆機，一定要買可以調整研磨粗細的機型。一般來說，研磨號數越大，代表研磨度越粗，研磨號數越小，代表研磨度越細，研磨度最直接影響的就是咖啡萃取率的程度與品質。

粗研磨

中粗研磨

中度研磨

細研磨

極細研磨

（任意門：調整手沖咖啡風味的秘訣：P.82）

★不推薦款：砍豆機（以兩片刀片旋轉方式）、無研磨顆細度號數標示的機型（不易調整研磨顆細度）、手動研磨（除非以戶外使用考量，家用不建議）

砍豆機

- 研磨號數越大，代表研磨度越粗，研磨號數越小，代表研磨度越細。
- 好的磨豆機，研磨的咖啡粉粒較均勻，細粉也較少，可拉近所有研磨顆粒的萃取率，風味更乾淨。
- 手沖適合中度研磨略偏細的刻度，不是絕對，建議多試試再調整。
- 好的磨豆機重要性勝過沖泡器具，同時切記沖泡前再研磨咖啡豆。
- 自己喝的咖啡豆自己磨，意思就是磨豆機很重要！

曾有朋友問為什麼不能用一般水壺來沖泡咖啡呢？因為咖啡手沖壺更能輕鬆，更能有節奏的控制出水速度與出水量，同時也較易控制熱水注入濾杯的位置，而這些因素是會影響咖啡萃取效果喔！

市面上手沖壺小Data

形式：細口壺、粗口壺

A. 材質：不鏽鋼、琺瑯、銅質

B. 容量：選購手沖壺時，關於容量是要考量能裝入單次足夠的注水容量，不可有沖泡還未完成，水量已不足的糗境發生，一般建議需與濾杯搭配：

1～2人 容量為500ml

3～4人 容量為700～1,000ml

4人以上容量為1,200～1,500ml

C. 可加熱方式：手沖壺適用的加熱方式各不同，購買前須注意可否直接使用火源、電磁爐、瓦斯爐來加熱。

KALITA 900ml

等級：新手級～玩家級

宮廷細口壺對於許多剛接觸手沖的人來說，不論是外型，或是掌控度來說，是許多人夢想要的第一支壺。這支手沖壺水流穩定，容易掌控，只是因為屬於細口壺，想要加快或加大水流時，衝擊力道易過強，不小心會沖破粉牆，還有沖壺加水如滿載的重量或許會覺得稍重些，因此建議須以另一隻手輔助注水。

KALITA 700ml

等級：新手級～玩家級

我個人最常用的一支壺，這支手沖壺同樣擁有水流穩定，掌控度佳的特性，同時也是屬於細口壺，但是加快或加大水流時，由於壺嘴經過兩次將近90度折沖，將衝擊力道柔化，不論快沖或慢沖，都較容易讓水流垂直穩定的沖入咖啡粉中，且如只沖1～2杯量時，沖壺加水的重量適中。

TIAMO 鈦金700ml

等級：新手級～玩家級

台灣品牌，與KALITA 700ml外型相似，也擁有類似的功能，不論水流的掌控度、重量與鈦金外表，都非常適合初學手沖者操作。壺蓋旋鈕卸下後，即可成為預留的溫度計插孔，非常方便。

月兔印 不鏽鋼 700ml

等級：玩家～達人級

兼具優雅的造型，壺蓋與壺身緊密，不用再擔心像月兔印琺瑯壺，稍傾斜壺蓋就有可能會掉落。

注水自然集中，呈現柔弧狀、或近直角狀，綿密不絕；壺嘴的設計，不是那種鶴嘴大水柱或KALITA手沖壺細長水柱，有一點像這兩者的合體，很好做變化～

握在手中感覺，很沉穩，也很有挑戰性，這支壺應可以滿足喜愛玩手沖咖啡變化的人之需求！

DRIVER 550ml

等級：新手級

台灣品牌，小巧可愛，注水掌控度佳，壺身鋼材厚度1.2mm，附有溫度計插孔，對手沖測溫需求有顧慮到。沖壺即使加水滿載後操作靈活也足夠，沖兩杯量剛好，帶出門也不怕多占空間。

BONAVITA
定溫式手沖壺 1000ml

等級：新手級～玩家級
將電熱壺與手沖壺結合，可以直接設定想要的熱水攝氏溫度，同時具有智能定溫的功能，光是這點，讓許多手沖比賽選手喜愛使用。

其溫度誤差值於攝氏一度的精準溫控，還可快速加熱到指定溫度時，底座具有調溫、保溫、記憶、手沖咖啡計時功能，一小時後自動斷電，不過個人使用後覺得還算順手，唯一小缺點是，當滿載水會稍重些。

TIAMO定溫式手沖壺1000ml

等級：新手級～玩家級
也有同BONAVITA 手沖壺功能，但溫度設定方式略有不同。已預設經常使用的攝氏溫度，單鍵觸控就可以完成設定，很方便。

2
市售手沖壺
面面觀

日本 HARIO

●雲朵不鏽鋼細口壺，電磁爐/瓦斯爐適用，並附HARIO VTM-1B 咖啡液晶電子溫度計，1,200ml。

●雲朵銅壺，電磁爐適用，寬底設計加熱容易，高效能的導熱度，900ml。

日本 KALITA

●細口，不鏽鋼原色，鏡面不鏽鋼表面處理，電磁爐/瓦斯爐/電爐適用，700ml。

●細口，不鏽鋼烤漆，計有藍綠色、芒果黃，底部止滑特殊設計，700ml。

●鶴嘴銅壺浮雕版，0.8mm厚銅，附電木隔熱手把，700ml。

●細口，燙隔熱握把，木錘紋浮雕，防燙隔熱握把，600ml。

日本 月兔印

●純手工上釉，瓦斯爐適用，電磁爐、微波爐不可，手把溫度較高，請小心避免燙傷。計有白色、黑色、紅色及咖啡色，容量有700ml、1,200ml。

台灣 TIAMO

●細口，有砂光、鏡面兩款，木柄把手設計，可搭配溫度計，容量有700ml及1,200ml。

●細口，附刻度標，電磁爐適用，計有黑色、黃色、鈦金色，700ml。

●細口，玫瑰金，700ml。

●細口，皇家壺玫瑰金，容量有500ml、700ml、1,000ml。

●細口，溫度計珠頭設計，蓋上壺蓋仍可觀查水溫變化，900ml。

●細長嘴定溫，1,000ml。

美國 BONAVITA

●細口，智能控溫，1,000ml。

●粗口，智能控溫，1,700ml。

日本 TAKAHIRO

●細口，500ml、900ml。
（不含壺身貼飾水晶）

日本 KAI

●粗口，琺瑯壺，1,300ml。

懶人包

- 初學者建議可優先選購細口的手沖壺，出水速度與出水量較易掌控。
- 初學者建議選購不鏽鋼，因為相較之下保存方便，且不會因輕微碰撞就影響外觀，而且價格上也較親民。
- 手沖壺個人首推薦0.7公升的容量，沖1～2人份水量剛好，又不會太重。
- 買器具看個人預算，預算充足，可買日本製；預算有限，買台製也不錯，經濟實惠。重點是多練習、體會變數間的變化關係，這樣每一把壺都可以沖出你喜愛的咖啡。

讓人眼花撩亂的各式濾杯，真教人不知從何下手。讓我們先來簡單了解濾杯的構造的原理，讀者就容易選擇多了。

市面上濾杯小 Data

A. 形狀：外型與開孔大小及數量會影響流速，也影響咖啡粉與水接觸的時間。流速愈快，萃取咖啡的時間就愈短，萃取率越低，風味就可能會較淡薄；反之，流速愈慢，萃取咖啡的時間就愈長，萃取率越高，風味就可能會較醇厚。一般來說扇形濾杯會比圓錐形濾杯的流速慢。

圓椎形（錐形）

扇形（梯形）

波浪形（波紋形）

聰明濾杯

B. 肋槽：濾杯內的肋槽數量與長短，會影響沖泡時，從咖啡粉內排出的氣體，是否可以由濾紙與濾杯肋槽間隙適當的排出，而氣體排出的速度又會影響萃取的效率。但也有濾杯是沒有肋槽的，就像是波紋型濾杯，就完全沒有排氣肋槽，它是利用波紋狀的濾紙的空隙設計，來取代肋槽排氣功能。

無肋槽之波浪形濾杯

C. 材質：影響濾杯均溫的導熱速度。
常見的材質：樹脂、玻璃、陶瓷、金屬 ，
以上導熱速度由慢至快排列，價格剛好成反比。

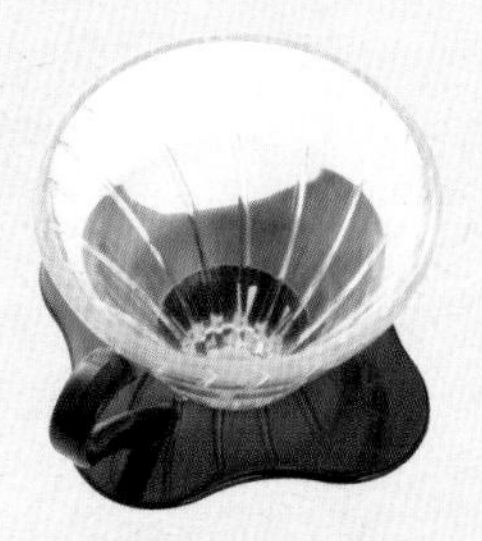

HARIO圓錐形濾杯

等級：新手級～玩家級
水流速度相較略快，可以增加咖啡粉量，或將咖啡豆研磨度略調細些，以增進風味。
此型濾杯可以表現淺烘焙豆～中淺烘焙的明亮風味與清爽的口感。

KALITA扇形濾杯

等級：新手級～玩家級
KALITA扇形濾杯的流速算是較偏慢型的濾杯，底部濾口為三孔，注水繞圈以橢圓形為佳，並須配合流速注水勿過快，可避免二側的死角咖啡粉的過度萃取。
此型濾杯可以表現中深烘焙～深烘焙，濃郁風味與醇厚口感。

WAVE形濾杯

等級：玩家級
如果常使用圓錐形、扇形濾杯的人，在使用這一型濾杯時，要改變一下注水方式。
這一型濾杯排除因人為穩定度的問題，導致萃取不均的可能性，首先她使用花瓣型（或蛋糕型）濾紙波浪狀的空隙設計，來取代肋槽排氣功能，同時建議將研磨度調整為比中研磨再略粗一些，所以注水時不需繞の字形，只需於濾杯中間部分分次穩定注水即可。

TIAMO玻璃濾杯

玻璃材質，三孔設計，使咖啡粉與水接觸時間更長，充份的將咖啡成份萃取出。

Notneutral GINO玻璃雙層濾杯

雙層隔熱玻璃一體成型結構與三孔設計。

2014美國USBC手沖冠軍WAVE濾杯沖法簡介

粉水比：約1:12（咖啡豆29克：注水350ml ）
研磨度：中粗研磨（baratza virtuoso 20或21號刻度）
水溫：96℃（使用BONAVITA定溫水壺）
手法：首先以40ml的水悶蒸30秒，第一次注水到150ml，第二次注水到200ml，第三次注水直到250ml，第四次注水到300ml，第五次注水到350ml完成，注水分布也就是40ml→110ml→50ml→50ml→50ml→50ml=350。

聰明濾杯

等級：新手級
相對於手沖來説，聰明濾杯是較穩定的萃取方式，而且沖泡方式容易學，技術門檻低，相反的穩定度卻很高，依然可將咖啡風味的層次表現出來。即使沒有手沖壺，直接以開飲機注水，只要掌控好浸泡時間也可以沖泡出美味的咖啡。
各種烘焙度的咖啡豆都可以適用。

金屬濾網

等級：新手級～玩家級
雙層高密度濾網，一方面達到絕佳之萃取度，提供更豐富的口感。一方面避免細粉流下玻璃壺產生混濁口感。
淺烘焙豆可以試著以金屬濾網沖泡，可以避免油脂被濾紙過濾掉，增添滑順口感。

2 市售濾杯面面觀

日本 HARIO

●玻璃製，2014 V60，計有1～2、1～4人份。

●玻璃製，2015 V60，計有1～2、1～4人份。

●陶瓷圓錐濾杯V60，計有白色、紅色、咖啡色，有1～2、1～4人份。

日本 KALITA

●新三孔雙層樹脂濾杯，雙層結構設計，具良好的防燙及保溫效果， 2～4杯。

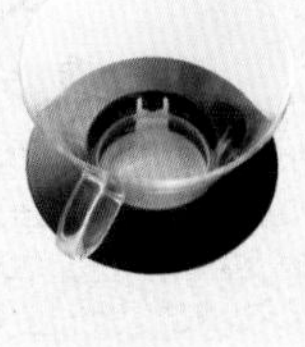

●炫彩波浪濾杯，黑色、薄荷綠、櫻桃粉紅、芒果黃，1～4人份。

●窄口設計，透明光滑玻璃，無導流紋，三孔濾滴設計，1～2人份。

●紅銅濾杯，1～2、2～4人。

美國 CHEMEX

●純玻璃製沙漏形咖啡壺，附有拋光原木把手與固定用的皮繩， 三人份。

●美國CHEMEX 玻璃握把 六人份

臺灣 TIAMO

●皇家描金陶瓷咖啡濾杯壺組102，保溫性及耐熱佳，1～4人份。

●陶瓷雙色圓錐咖啡濾杯，1～2、1～4人份。

●101三孔硬質白瓷咖啡濾器組，1~2人份。

●V01不鏽鋼圓錐咖啡濾器組，玫瑰金款，1～2、2～4人份。

●K02不鏽鋼咖啡濾器組，1～4人份。

其他品牌

●台灣Mr.Clever，進口最新Tritan專利材質環保塑膠，可調整咖啡濃淡，可無需玻璃壺。1～4人份、1～7人份。

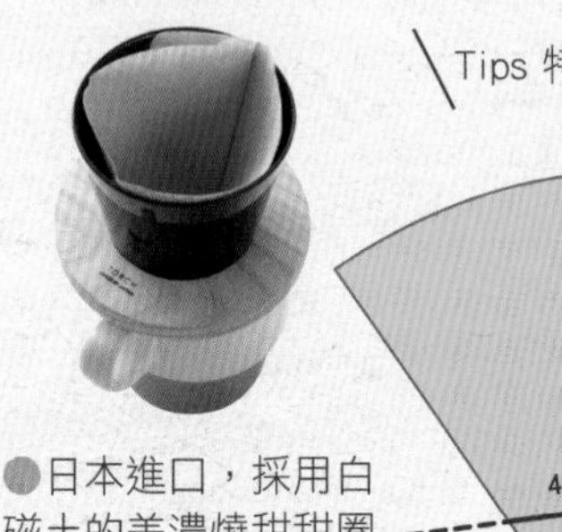

●日本進口，採用白磁土的美濃燒甜甜圈濾杯，有黑色、白色兩款，1～3人份。（濾紙特殊折法參見右圖）

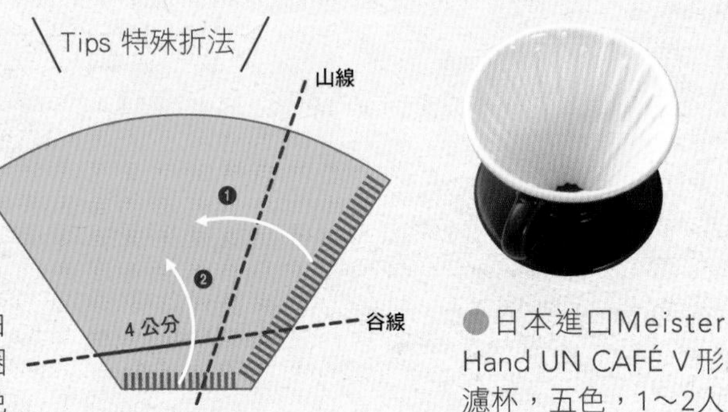

●日本進口Meister Hand UN CAFÉ V形濾杯，五色，1～2人份。

●日本進口Meister Hand UN CAFÉ扇形濾杯，單孔，8色，1～2人份。

●Driver不鏽鋼咖啡濾杯濾網，附原木承架，1～2人份。

●達人咖啡不鏽鋼咖啡濾杯網，免濾紙，附彈簧承架組，1～2人份。

●達人咖啡壺No.1手沖組古典弧線玻璃壺＋不鏽鋼濾杯，搭配天然木及皮革繩，2～3人份。

●台灣不鏽鋼彈簧濾杯 圓錐形結構造型 ，大口徑圓孔螺旋型肋拱設計，1～4人份。

●日本KINTO CARAT免濾紙金屬濾杯，金、銀兩色，2～4人份。

●台灣bi.du.haev手工濾架及金屬濾網，清透的玻璃濾杯為純手工吹製，手把為赤銅，中間的銅製活栓可讓水通過或阻斷。下壺有黑色的編織防燙套。

濾紙

須配合濾杯型狀選購，外型分為圓錐形濾紙、扇形濾紙、波浪形濾紙。
材質也分為：無漂白濾紙、酸素漂白濾紙，建議選購時，買與濾杯同品牌即可。
咖啡濾紙不只可以過濾咖啡渣，也可過濾去咖啡油脂，避免膽固醇提高喔！

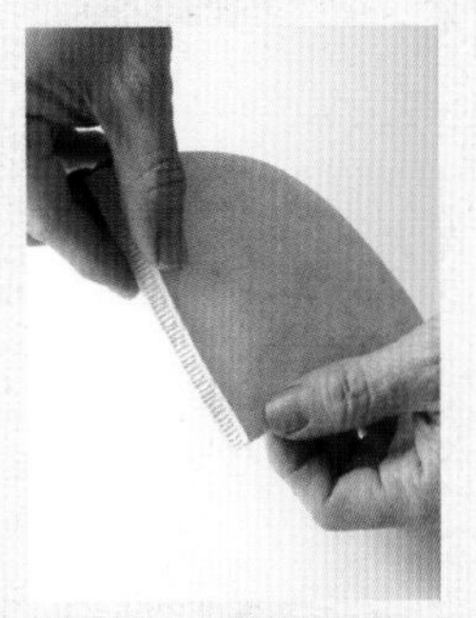

圓錐形濾紙（適用 HARIO、KONO 濾杯）

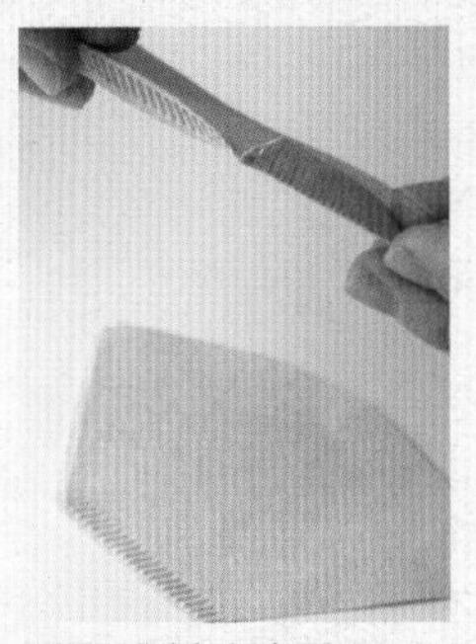

扇形濾紙（適用 KALITA、MELITTA、三洋、甜甜圈和聰明濾杯）

波浪形濾紙

金屬濾網

取代濾紙，一般較能濾出咖啡油脂，口感也會較醇厚，但也可能會濾出些微粉末（其實並無大礙），類似法式濾壓壺沖泡的咖啡口感。

玻璃壺

盛裝咖啡液，純粹美觀考量，但最好選用透明玻璃材質，且須有容量刻度顯示，以便辨識萃取量，若能搭配木質把手，就更有質感。

也有許多人不用玻璃壺，改用很實用的實驗室玻璃燒杯 。

濾布

易殘留咖啡油脂，且保存方式較麻煩，因此不推薦。

咖啡匙

盛裝咖啡豆的專用匙，但會因咖啡豆的烘焙度不同，每一匙的重量會有差異，平均一匙約8克，也有平均一匙約15克。

電子秤

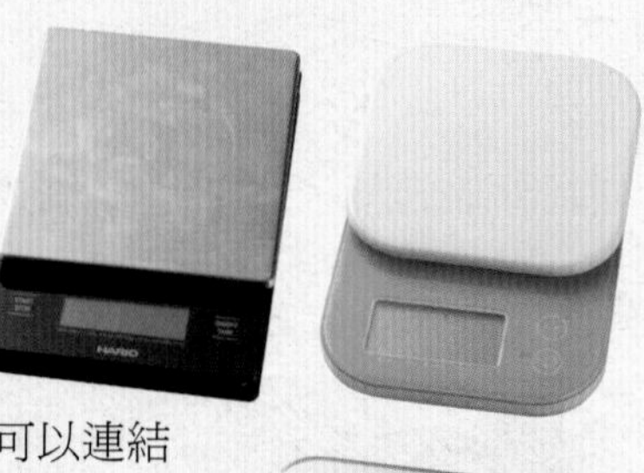

電子秤

建議選用精細度到0.1克的電子秤，比起以咖啡匙秤豆，電子秤不只更能精準秤豆，還能於沖泡過程使用電子秤控制注水量。

近來還有智能型電子秤，也暱稱「神秤」，可以連結平板電腦記錄沖泡過程注水量、時間變化，可以幫助事後校正手法，特別是穩定度。

acaia智能型電子秤

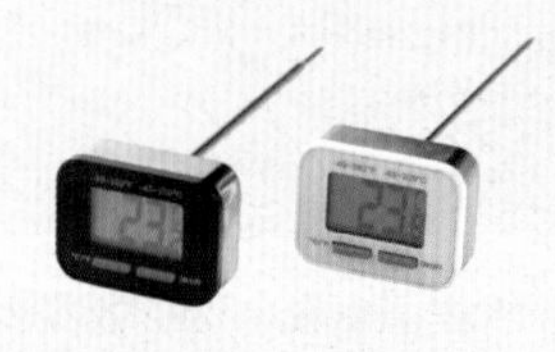

溫度計

控制注水的溫度，建議購買「快顯電子式溫度計」，會較精準與快速。

咖啡杯

除買一個自己喜歡的外觀，也可留意咖啡杯的材質與厚薄度，這會影響咖啡的保溫性。

材質厚實、輕巧，顏色選擇也多。（米家貿易代理）

計時器

控制沖泡時間，選一個螢幕大一些的，HARIO電子秤具有秤重與計時雙功能。

器具使用完畢的清潔、收納

無論是手沖壺、濾杯、玻璃壺、金屬濾網，都請以清水清潔後擦拭自然乾燥即可，避免使用清潔劑，如使用一段時間後易殘留有咖啡漬，可用熱水加檸檬酸或蘇打粉浸泡，就可去除。

懶人包

- 手沖要沖的好，就需盡可能要數據化變數，因此需要一些器具輔助，例如計時器、電子秤、電子溫度計，這些都是必需品。

手沖咖啡新手入門器具

手沖器具眾多，市售商品誘惑太多，銀彈有限的話，可優先考慮掌控簡單、購買便利、價位選擇多的入門款選器具，例如：

手沖壺

● 日本製—KALITA不鏽鋼細口手沖壺0.7L

● 台製—TIAMO不鏽鋼細口手沖壺0.7L

● DRIVER手沖壺0.55L

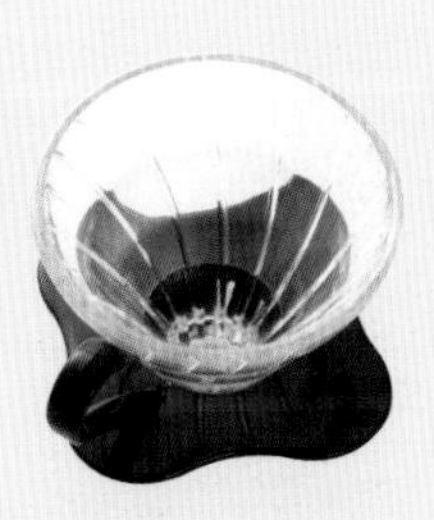

● HARIO V60 圓錐形濾杯

● KALITA 波浪形型濾杯與扇型濾杯

● DRIVER 金屬濾網形濾杯

HARIO
02

CHAPTER 3
用神器沖杯好咖啡

新手的手沖技巧練習

手沖咖啡的方法有很多種，各家各派沖泡出來的風味也別具特色，但即使技法很酷炫，最終目的還是追求將咖啡豆的特色風味表現出來。

對初入門者來說，建議先以簡單、輕鬆的方式來進行，盡可能避免太多「獨門特殊手法」，重要的是多沖多喝，先把手感練出固定模式來，分別嘗試注水時「斷水法」與「不斷水法」的操作法，再循序漸進透過風味校正微調，以為自己沖泡出一杯喜愛的咖啡為目標。那麼現在，大家一起來練習各種手沖技巧吧！

手沖技巧提升 step by step

追求手法穩定→了解沖泡變數對風味的影響→手法的變化與發覺差異→發覺器具特性（濾杯、手沖壺）與手法變化→突破以上框架調整手法，為自己沖泡出一杯喜愛的咖啡。

斷水法與不斷水法的差異

不斷水法：

風味傾向：較為清爽

順序：悶蒸→注水一次

注水量—由小漸大，速度先慢後適中。

斷水法：

風味傾向：較為醇厚

順序：第一次注水悶蒸→第二次注水→第三次注水（→第四次注水）

注水量—由小漸大，速度先慢後快。

扇形
濾杯

步驟

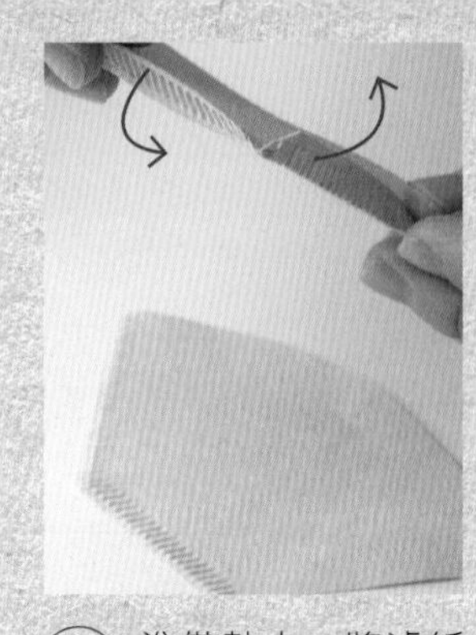

① 濾杯、濾紙、手沖壺、分享壺、咖啡杯、電子秤、溫度計、計時器和咖啡豆和手沖架。

② 準備熱水，將濾紙折好。濾紙側邊與底邊折縫處，需反方向折起（如圖箭頭所示。）

③ 濾紙折好攤開裝入濾杯。

④ 裝入約半壺熱水至手沖壺，試以手沖壺倒出熱水，一方面測試注水時手感，一方面注水於濾紙上。注意！濾紙必須全部沖到水，以去除濾紙的紙漿味及使濾紙與濾杯服貼。可再倒一些熱水來溫咖啡杯及分享壺，手沖壺內的熱水不要全倒完，因為手沖壺也需要熱水保溫。

⑤ 確認濾杯的水已流出，將分享壺的水倒掉後置於電子秤上，並調整濾紙於濾杯適中的位置；將濾杯放置於手沖架上(若無手沖架，也可直接置於分享壺上)。

⑥ 手沖壺熱水加至八分滿（必須足夠沖完一次的水量），插入溫度計測溫度，待壺內熱水到預設的溫度89℃（建議約於83～93℃間），若溫度過高，可小心打開壺蓋，或加入適量冷水降溫。

⑦ 研磨咖啡豆（咖啡豆不要一開始就研磨，過早研磨，香氣容易消散）：研磨前須確認磨豆機的刻度；先用少許豆子(約3克)以研磨方式洗淨前面研磨殘留的風味，再開始正式研磨。將豆子倒入磨豆機前，先打開開關，再將豆子倒入開始研磨（注意聽研磨聲，不要有遺漏未研磨完的豆子）。

⑧ 將磨好的咖啡粉倒入濾杯中。需將磨豆機裡的咖啡粉徹底撥出，輕拍濾杯使咖啡粉鋪平（不要太用力與太多次，會影響濾杯中的咖啡粉密度），將電子秤歸零。

貼心小提醒：

● 也可在咖啡粉中間以小指戳一個小洞，做為注水的起始基準點。

● 先試倒一些熱水於咖啡杯中，以溫熱杯子與手沖壺的壺嘴。

⑨ 第一次注水：注水後咖啡粉會吸水膨脹

a.將手沖壺在距離咖啡粉約5公分高度，開始注水。

b.先在中央注水至水冒出表面，從中心點開始以日文字「の」的形狀由內往外，以畫同心圓的方式注水，畫到外圈後再畫至中心，約注水30ml（皆須順時鐘方向繞圈，水不要直接注在濾紙上）。

⑩ 完成第一次注水後約靜置30秒「悶蒸」，這是咖啡風味萃取的關鍵時刻。

⑪ 第二次注水：

a.第一次注水後約30秒，即開始第二次注水。

b.先在中央注水至水冒出表面，從中心點開始以日文字「の」的形狀由內往外，以畫同心圓的方式反覆注水，畫到外圈後再畫至中心。

貼心小提醒：
手沖壺在距離咖啡粉約5公分高度；皆須以順時鐘同一方向繞圈，水也不要直接注在濾紙上。

⑫-1 採用「不斷水法」判別停止注水萃取時機：

a.第二次注水約至220ml，或約濾杯八成滿，停止注水。

b.移開濾杯：觀察流下至分享壺的咖啡液水位高度約至190ml（電子秤顯示重量），移開濾杯（不用等濾杯內的水滴完）。以湯匙攪拌或輕晃玻璃壺，使咖啡濃度均勻混合。

材料和器具

- 咖啡豆：哥斯大黎加，白蜜處理；表現均衡的酸、甜、滑潤的風味與口感。
- 烘焙度：中烘焙
- 水溫：89℃，依店家的烘焙度做調整。
- 咖啡豆重量：15克
- 水量：220ml（實際萃取量190ml）
- 粉水比：1:15，建議以1:12～1:18 依個人喜愛做調整。
- 器具：KALITA 01三孔濾杯、KALITA手沖壺700ml、手沖架（選配）

⑫-2 採用「斷水法」判別停止注水萃取時機：

a.第二次注水至140ml（電子秤顯示重量，或濾杯約七～八成滿）暫止注水。

b.觀察濾杯中的水位，待濾杯水位下降70%時，做第三次注水。注水約至220ml（電子秤顯示重量，或濾杯約七～八成滿）停止注水。
第三次注水時，可以觀察到泡沫漸白，代表咖啡內容物質已將萃取完畢，此時請注意水位高度勿超越第二次注水高度。

c.移開濾杯時機：觀察流下至分享壺的咖啡液水位高度約至190ml（電子秤顯示重量），移開濾杯（不用等濾杯內的水滴完），以湯匙攪拌或輕晃玻璃壺，使咖啡濃度均勻混合。

- 扇形濾杯市面上常見的有：
  - 三洋濾杯（底部濾口為單孔）：注水繞圈以圓形為佳。
  - KALITA濾杯（底部濾口為三孔）：注水繞圈以橢圓形為佳；可避免兩側死角的過度萃取。
- 悶蒸是咖啡風味萃取的關鍵時刻，除可以參考約30秒做為完成基點。也可觀察膨脹時表面如見乾燥出現裂紋(箭頭處）時，也代表悶蒸完成。一般中深焙咖啡觀察時機約注水開始後約30秒。
- 沖泡咖啡過程，建議多使用可以數據化的工具，例如計時器、電子式溫度計、電子秤等，以利在學習過程中，減少人為誤差，控制所有萃取可能的變數，並且每次將過程記錄下來後配合品嘗，就可逐步調整找到自己喜愛的風味。
- 有無使用手沖架，電子秤顯示重量的不同：
  a.有手沖架：電子秤上只有分享壺的重量，因為濾杯是放置於手沖架上。
  b.無手沖架：分享壺、濾杯是直接置放在電子秤上，所以是顯示所有的重量。

圓錐形濾杯

步驟

1. 拿出濾杯、濾紙、手沖壺、咖啡杯、電子秤（含計時器）、溫度計。

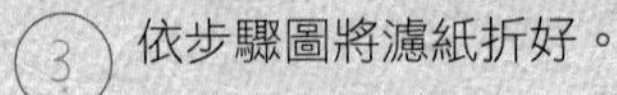

3. 依步驟圖將濾紙折好。

2. 備好咖啡豆，咖啡豆用乾淨無水的小容器裝15克，準備熱水。

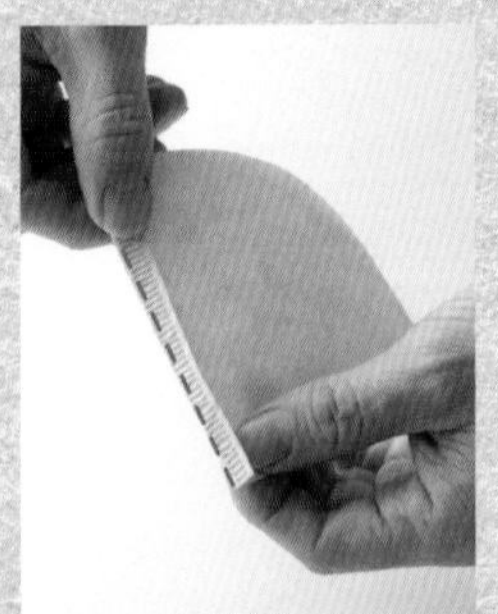

a.將濾紙折縫處邊線折好。

b.將濾紙打開，以原來的濾紙邊線為中心，攤開兩側的濾紙，並輕折出痕跡。

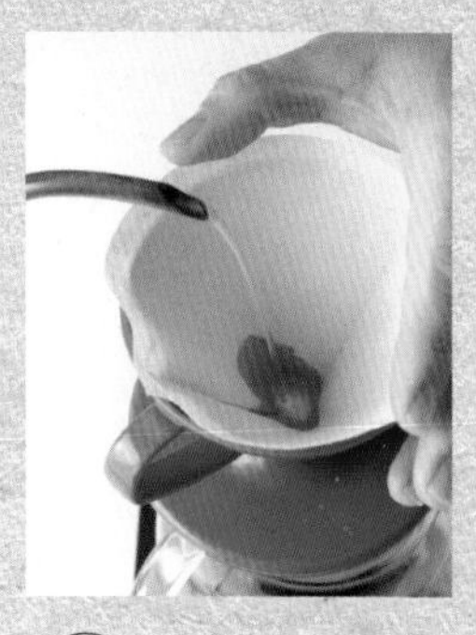

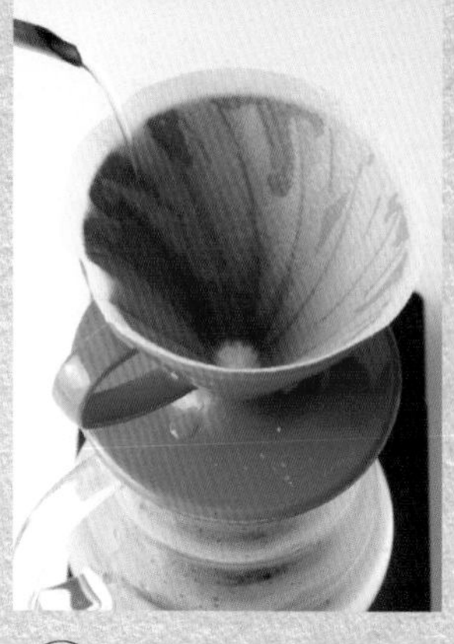

4 將濾紙折好攤開套入濾杯

5 注入半壺熱水至手沖壺，以手沖壺倒出熱水，一方面測試注水時手感，一方面注水於濾紙上，濾紙須全部沖到水，以去除濾紙的紙漿味及使濾紙與濾杯服貼。可再倒一些水來溫咖啡杯，手沖壺內的熱水不要全部倒完，因手沖壺也需要保溫。

6 確認濾杯內的水已流出，將玻璃壺的水倒掉，並調整濾紙於濾杯適中的位置；將濾杯放置於玻璃壺上（玻璃壺置於電子秤上）。

7 手沖壺內加水至八分滿（視個人手感，但水量須足夠沖完一次的水量），測溫度待壺內熱水到預設的溫度89℃（建議約於83～93℃間），若溫度過高，可加入適量冷水，或打該壺蓋搖晃降溫。

8 研磨咖啡豆（咖啡豆不要一開始就研磨，過早研磨，香氣容易消散）：研磨前確認磨豆機的刻度；先用少許豆子（約3克）以研磨方式洗淨前面研磨殘留的風味，再開始正式研磨。豆子倒入磨豆機前，先開開關，再讓豆子倒入開始研磨（注意聽研磨聲，不要遺漏未研磨完的豆子）。

9 將磨好的咖啡粉倒入濾杯中。

a.將磨豆機裡的咖啡粉須徹底撥出，輕拍使咖啡粉鋪平（不要太用力與太多次，會影響濾杯中的咖啡粉密度）。

b.也可在咖啡粉中間以小指戳一個小洞，做為注水的起始基準點。

貼心小提醒：

如連續研磨同一支咖啡豆，則可不用洗豆。

⑩ 可先倒一些熱水溫熱咖啡杯，及溫熱手沖壺的壺嘴。

⑪ 第一次注水：

注水後咖啡粉吸水膨脹：**a.**將手沖壺在距離咖啡粉約5公分高度，開始注水。

b.先在中央注水至水冒出表面。

c.從中心點開始以日文字「の」的形狀由內往外，以畫同心圓的方式注水，畫到外圈後再畫至中心，約注水30ml（皆須順時鐘方向繞圈，水不要直接注在濾紙上）。

⑫ 完成第一次注水後約靜置30秒「悶蒸」，這是咖啡風味萃取的關鍵時刻。

⑬ 第二次注水：

a.注水悶蒸靜至約30秒後，即開始第二次注水。

b.先在中央注水至水冒出表面，從中心點開始以日文字「の」的形狀由內往外，以畫同心圓的方式反覆注水，畫到外圈後再畫至中心。

貼心小提醒：

手沖壺在距離咖啡粉約5公分高度；皆須同一方向繞圈，水也不要直接注在濾紙上。

材料和器具

- 咖啡豆：衣索比亞耶加雪菲，水洗處理；表現優雅的花香、酸甜風味與清爽的口感
- 烘焙度：中淺烘焙
- 水溫：89℃；可依店家的烘焙度做調整。
- 咖啡豆重量：15 克
- 水量：220ml（實際萃取量 190ml）
- 粉水比：1:15，建議 1:12 ～ 1:18 依個人喜愛做調整。
- 器具：KALITA 手沖壺 900ml、HARIO V60 濾杯。

14-1 採用「不斷水法」判別停止注水萃取時機：

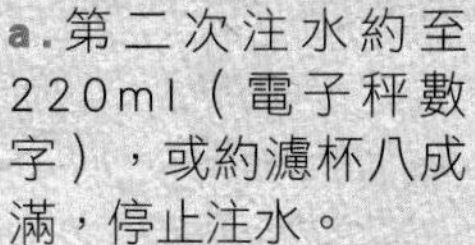

a. 第二次注水約至220ml（電子秤數字），或約濾杯八成滿，停止注水。

b. 移開濾杯：觀察流下至玻璃壺的咖啡液水位高度約至190ml，移開濾杯（不用等濾杯內的水滴完），以湯匙攪勻或輕晃玻璃壺，使咖啡濃度均勻混合。

14-2 採用「斷水法」判別停止注水萃取時機：

a. 循序注水至180ml（電子秤數字），或約濾杯八成滿，停止注水。

b. 觀察濾杯中的水位，待濾杯水位下降70%時，做第三次注水，注水至220ml（電子秤顯示重量）停止注水。第三次注水時，水位高度勿超越第二次注水高度。

c. 移開濾杯：觀察流至玻璃壺的咖啡液水位高度約至190ml，移開濾杯（不用等濾杯內的水滴完），以湯匙攪拌或輕晃玻璃壺，使咖啡濃度均勻混合。

懶人包

- 悶蒸除可以時間約 30 秒做為標準，更可以試著觀察隆起的咖啡粉表面開始變乾、有裂痕或下陷跡象，即表咖啡粉已經完成悶蒸。
- 此沖泡示範，為不使用手沖架，所以濾杯＋濾紙＋咖啡粉＋水＋玻璃壺，均累積於電子秤上，因此實際萃取量，需觀察玻璃壺面的刻度。

CHEMEX

步驟

① 拿出CHEMEX濾杯、濾紙、手沖壺、咖啡杯、電子秤、溫度計和咖啡豆。

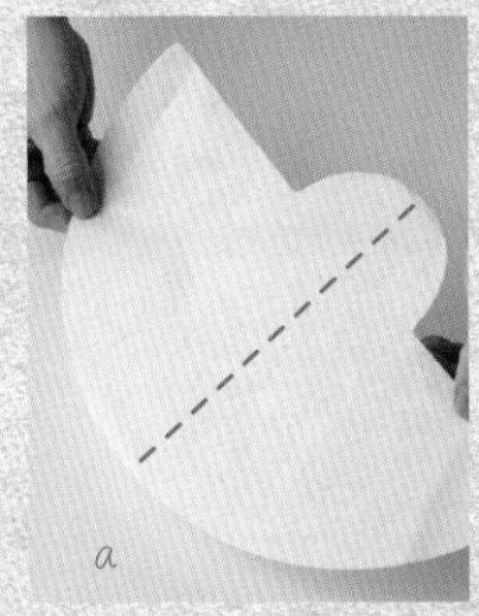

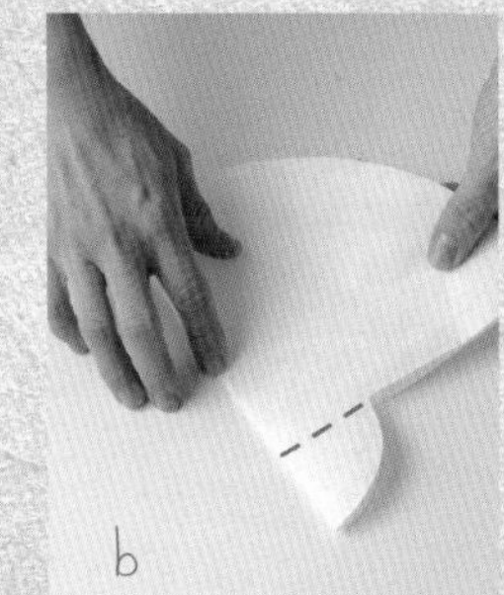

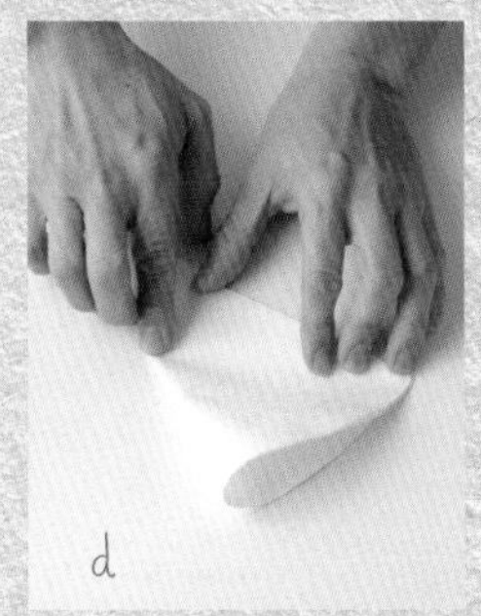

② **依步驟圖將濾紙折好。**（a）濾紙攤開，（b）濾紙對折，（c）將下方1/4圓濾紙部分朝內折入，（d）濾紙再對折一次後，套入濾杯。

③ 裝入半壺熱水至手沖壺，以手沖壺倒出熱水，一方面測試注水時手感，一方面注水於濾紙上，濾紙須全部都要沖到（以去除濾紙的紙漿味），再倒一些水溫咖啡杯，壺內的熱水不要全倒完，手沖壺也需要保溫。

④ 確認濾杯內的水倒掉，並調整濾紙於濾杯適中的位置。

貼心小提醒：

濾紙不要過於緊貼濾杯導流壺嘴，以免排氣不順影響流速。

⑤ 手沖壺內加水至八分滿（視個人手感，但水量須足夠沖完 一次的水量），測溫度待壺內熱水到預設的溫度89℃（建議約於83～93℃間），若溫度過高，可打開壺蓋搖晃，或加入適量冷水降溫。

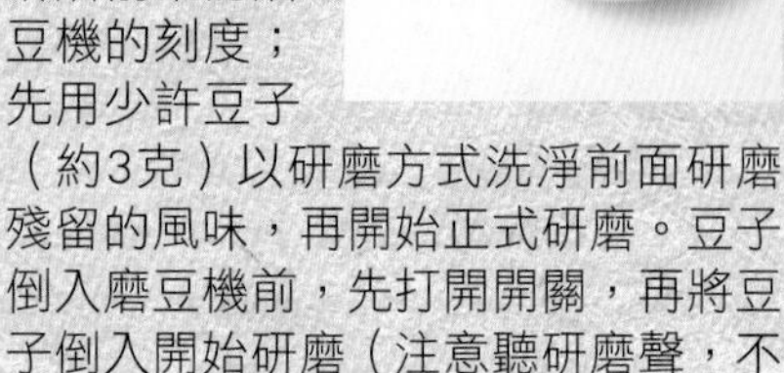

⑥ 研磨咖啡豆：咖啡豆不要一開始就研磨，過早研磨，香氣容易消散；研磨前確認磨豆機的刻度；先用少許豆子（約3克）以研磨方式洗淨前面研磨殘留的風味，再開始正式研磨。豆子倒入磨豆機前，先打開開關，再將豆子倒入開始研磨（注意聽研磨聲，不要有遺漏未研磨完的豆子）。

⑦ 將磨好的咖啡粉倒入濾紙中（將磨豆機裡的咖啡粉須徹底撥出），輕拍使咖啡粉鋪平（不要太用力與太多次，會影響濾杯中的咖啡粉密度）。

貼心小提醒：

●也可在咖啡粉中間以小指戳一個小洞，做為注水的起始基準點。

●手沖壺可先倒出一些熱水溫熱咖啡杯，及溫熱手沖壺的壺嘴。

⑧ 第一次注水：

咖啡粉吸水膨脹：
（a）將手沖壺在距離咖啡粉約5公分高度，開始注水。
（b）先在中央注水至水冒出表面，從中心點開始以日文字「の」的形狀由內往外，以畫同心圓的方式注水，畫到外圈後再畫至中心。約50ml（皆須順時鐘方向繞圈，水不要直接注在濾紙上）。

⑨ 完成第一次注水後約靜置30秒「悶蒸」，這是咖啡風味萃取的關鍵時刻。

⑩ 第二次注水：

注水悶蒸靜置約30秒後，即開始第二次注水：（a）將手沖壺在距離咖啡粉約5公分高度，開始注水。（b）先在中央注水至水冒出表面，從中心點開始以日文字「の」的形狀由內往外，以畫同心圓的方式注水，畫到外圈後再畫至中心。（皆須順時鐘方向繞圈，水不要直接注在濾紙上）。

⑪ 判別停止注水萃取時機：

循序注水約400ml（a～b），並觀察流至玻璃下壺的咖啡液水位高度（圖示肚臍點350ml）。此時，移開濾紙（c）不用等濾紙內的水滴完。輕晃玻璃壺或以湯匙攪勻（d～e），使咖啡濃度均勻混合。手沖咖啡完成（f）。

材料

- 咖啡豆：瓜地馬拉花神咖啡豆，水洗處理；表現淡雅花香，均衡的酸、甜、苦的風味與平實的口感。
- 烘焙度：中深烘焙
- 水溫：89℃，依店家的烘焙度做調整。
- 咖啡豆重量：25克
- 水量：400ml (實際萃取量350ml)
- 粉水比：1:14，建議1:12～1:18依個人喜愛做調整。

不論以何種手沖壺、濾杯來沖咖啡，初入門手沖咖啡者有幾點建議：

- 水流要穩定，不可忽大忽小，更忌注水斷斷續續，因為佈水不均，易導致萃取不均。
- 注水須以順時鐘同心圓方式，並忌直接對濾紙注水。
- 沖洗濾紙後，記得要調整濾紙於濾杯適中的位置，濾紙不可過於緊貼濾杯導流壺嘴處，以免排氣不順影響流速。

聰明
濾杯

步驟

① 準備好聰明濾杯、咖啡豆、濾紙、手沖壺、分享壺、咖啡杯、電子秤、溫度計、計時器。

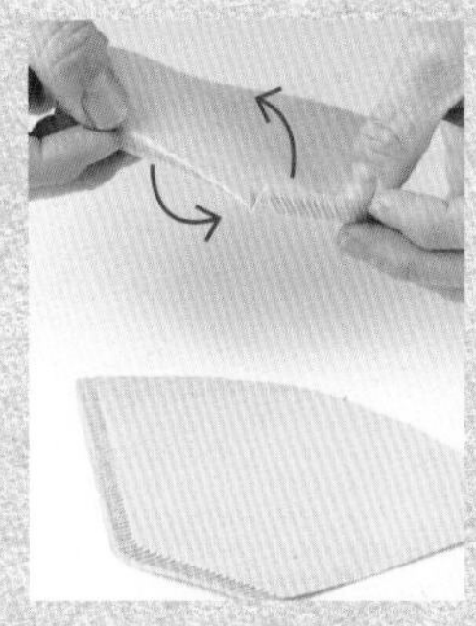

② 將濾紙折好，同扇型濾紙折法。

③ 濾紙攤開，套入聰明濾杯。

④ 裝入半壺熱水至手沖壺，手沖壺倒出熱水，一方面測試注水時手感，一方面注水清洗濾紙。

⑤ 濾紙須全部都要沖到，以去除濾紙的紙漿味，再倒一些水溫咖啡杯及玻璃壺，手沖壺內的熱水不要全倒完，手沖壺也需要保溫。

⑥ 將濾杯放至廢水杯中並確認濾杯內的水已流出。

⑦ 將濾杯放置電子秤上（把手位置與手沖注水位置相反，以免注水時手沖壺嘴卡到把手）。

⑧ 手沖壺水加至八分滿，測溫度，若溫度過高可適量加入冷水降溫。

⑨ 研磨咖啡豆（咖啡豆不要一開始就研磨，過早研磨，香氣容易消散）：研磨前須確認磨豆機的刻度，先用少許豆子（約3克）以研磨方式洗淨前面研磨殘留的風味，再開始正式研磨。豆子倒入磨豆機前，先打開開關，再將豆子倒入開始研磨（注意聽研磨聲，不要有遺漏未研磨完的豆子）。

貼心小提醒：

先倒一些熱水溫咖啡杯，及溫熱手沖壺的壺嘴。

⑩ 將磨好的咖啡粉倒入濾杯中（將磨豆機裡的咖啡粉徹底撥出），輕拍濾杯使咖啡粉鋪平。並將電子秤重量歸零。

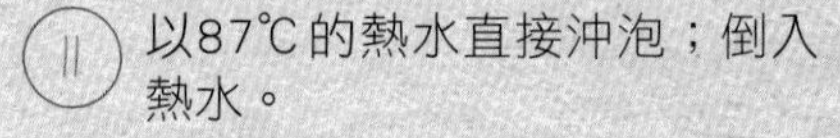

⑪ 以87℃的熱水直接沖泡；倒入熱水。

⑫ 循序注水約至220ml（電子秤上重量）停止注水。蓋子蓋上並開始計時，計時120秒。

⑬ 在100秒時，將玻璃壺內溫壺的水倒乾淨備用，120秒時，以攪拌棒(或小湯匙)於表面輕拌3～4圈，看到浮在液面的泡沫顏色由深轉淺。

⑭ 將濾杯放置玻璃壺上（輕巧的移動，盡量不要搖晃到濾杯的液面），漏到最後時，不要讓泡沫的部分漏下去，以避免雜澀味，完成囉。

⑮ 移開濾杯：分享壺的咖啡液以湯匙攪拌或輕晃玻璃壺，使咖啡濃度均勻混合。手沖咖啡就完成了，將咖啡倒入杯中。

材料

- 咖啡豆：衣索比亞 西達摩 日晒處理法；表現核果、黑巧克力風味，與不失乾淨的醇厚口感。
- 烘焙度：中深烘焙
- 咖啡重量：17克
- 水量：210ml（實際萃取量約190ml）
- 粉水比：1:12～1:18，依個人喜好做調整。
- 水溫：87℃，可依店家的烘焙度做調整。
- 時間：依自己喜好的濃淡調整時間長度，若覺得太淡，時間可略增加10～20秒；若太濃時間也可略減10～20秒。

懶人包

- 如果一時還不易掌控手沖品質，可先以聰明濾杯來沖泡單品咖啡，因為聰明濾杯技術門檻低、品質穩定易於掌控。
- 想要調整風味時，建議優先以浸泡時間做為變數，想喝濃一些加長時間，想喝淡一些，縮短時間。
- 注水時可不悶蒸，直接一次注水到預定的水量，惟注水時間建議於30秒（一杯量）～45秒（二杯量）內完成，循序以中水柱緩慢注水為佳。
- 新推出聰明濾杯專屬扇形濾紙，日本製造，酵素漂白，紙質更薄不易堵塞，增添醇厚度與保留更多風味。

金屬
濾網

步驟

1. 拿出金屬濾網、手沖壺、玻璃壺、咖啡杯、電子秤、溫度計和咖啡豆。

2. 裝入半壺熱水至手沖壺，以手沖壺倒出熱水，一方面測試注水時手感，一方面注水於金屬濾網上溫熱濾網，再倒一些水溫咖啡杯及玻璃壺，手沖壺內的熱水不要全倒完，因手沖壺也需要保溫。

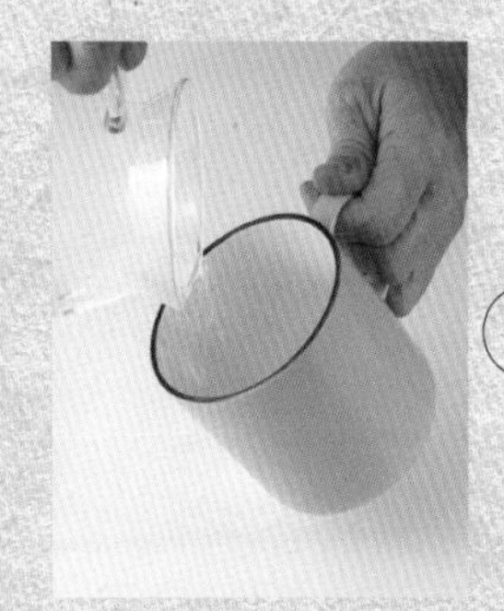

3. 確認濾杯的水已流出，將玻璃壺的水倒掉，將濾網放置於玻璃壺上。

4. 手沖壺水加至八分滿（視個人手感，但水量須足夠沖完一次的水量）。測水溫，待壺內熱水到預設的溫度92℃（建議約於83～93℃間）。

5. 研磨咖啡豆（咖啡豆不要一開始就研磨，過早研磨，香氣容易消散）：研磨前確認磨豆機的刻度；先用少許豆子（約3克）以研磨方式洗淨前面研磨殘留的風味，再開始正式研磨。豆子倒入磨豆機前，先打開開關，再將豆子倒入開始研磨（注意聽研磨聲，不要有遺漏未研磨完的豆子）。

⑥ 將磨好的咖啡粉倒入濾網中。將磨豆機裡的咖啡粉徹底撥出，輕拍濾網使咖啡粉鋪平（不要太用力與太多次，會影響濾網中的咖啡粉密度）

貼心小提醒：
先倒一些熱水溫熱咖啡杯，及溫熱手沖壺的壺嘴。

⑧ 第一次注水：

a.將手沖壺在距離咖啡粉約5公分高度，開始注水。

b.注水後，咖啡粉吸水膨脹。

c.先在中央注水至水冒出表面。

d.再由中心點開始以日文字「の」的形狀由內往外，以畫同心圓的方式注水，畫到外圈後再畫至中心，約注水30ml（皆須同一方向繞圈，水也不要直接注在濾網上）。

⑨ 完成第一次注水後約靜置30秒「悶蒸」，這是咖啡風味萃取的關鍵時刻。亦可觀察粉層表面出現乾(裂)時，代表悶蒸完成。

⑩ 第二次注水：

a.注水悶蒸靜置約30秒後，即開始第二次注水。先在中央注水至水冒出表面，再由中心點開始以日文字「の」的形狀由內往外，以畫同心圓的方式注水。

b.注水時，畫到外圈後再畫至中心，循序來回數次。

貼心小提醒：
手沖壺在距離咖啡粉約5公分高度；皆須以順時鐘方向繞圈，水不要直接注在濾網上。

⑪ 判別停止注水萃取時機：循序注水約至220ml（電子秤數字），或約濾杯八成滿，停止注水。

⑫ 移開濾杯：觀察流下至玻璃壺的咖啡液水位高度約至190ml時，移開濾網，不用等濾網內的水滴完。

⑬ 以湯匙攪拌或輕晃玻璃壺，使咖啡濃度均勻混合。

材料和器具

- 咖啡豆：巴拿馬翡翠莊園藝伎咖啡豆，水洗處理；表現花香、明亮的柑橘類果酸、清甜風味。
- 烘焙度：淺烘焙
- 水溫：92℃；依店家的烘焙度做調整。
- 咖啡豆重量：15 克
- 水量：220ml（實際萃取量 190ml）
- 粉水比：1:15，建議 1:12 ～ 1:18 依個人喜愛做調整。
- 器具：DRIVER 手沖套裝器具、智能型電子秤

- 不論何種手法，建議多嘗試與交流，一方面尋找你喜好的風味，一方面手沖有許多可能，多嘗試才能發覺手沖的樂趣。
- 使用金屬濾網沖泡時，因濾網孔細，易被研磨的細粉堵塞導致流速變慢，建議可將研磨度略調粗一些（溫度須配合略調高一些），或在手沖前，先用篩粉器把細粉過篩掉，這樣味道也會較乾淨喔！

家用美式機煮法

步驟

① 準備好家用美式機、濾紙、咖啡豆。

② 家用美式機裝好水。（粉水比約1:15，約20克咖啡豆配300ml水量）。

③ 濾紙折好攤開，裝入濾杯中（如使用金屬濾網則免）。

④ 準備好咖啡豆（研磨度約與手沖相同；3～4號）。

⑤ 研磨咖啡豆。

⑥ 咖啡粉倒入濾杯並拍平。

⑦ 按下開關開始沖泡。

⑧ 稍待一會，就可分享咖啡

懶人包

- 勿使用高溫熱水加入器具中，以免器具加入過程過熱而燒壞。
- 煮好美式咖啡關鍵：a.新鮮的咖啡豆。b.沖煮前研磨。c.適當的研磨度。d.良好的設計－ 熱水平均滴灑在咖啡粉上，才能萃取均勻。e.不要長時間以保溫盤保溫，最好咖啡壺具有密封效果，才能鎖住香氣及溫度。

濾掛式（掛耳包）

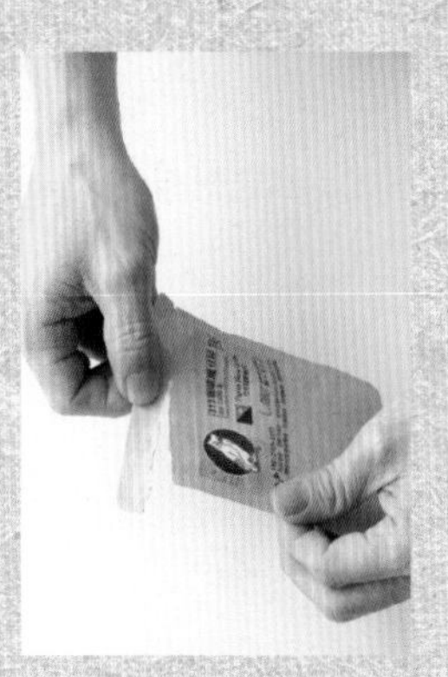

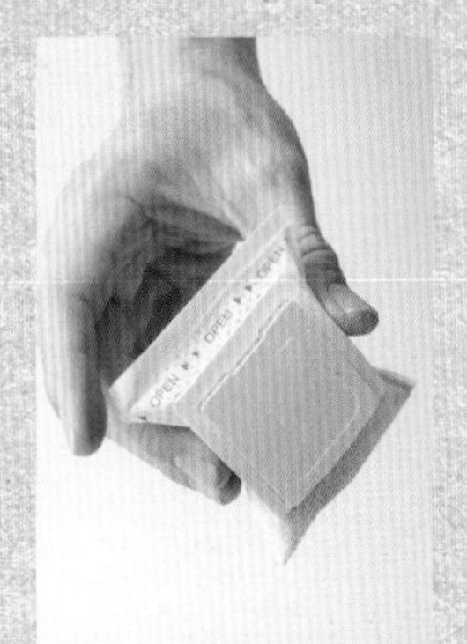

步驟

1. 準備好掛耳包、沖泡壺、茶杯。
2. 沿虛線撕開掛耳包外袋與拿出內袋。
3. 輕晃內袋將咖啡粉鬆開。
4. 撕開內袋。

5. 再將內袋雙耳掛在杯口。
6. 以約90℃的熱水直接沖泡，先注水約20～25ml潤濕（悶蒸）咖啡粉。
7. 靜置約10秒後，持續緩慢分段注水至預定量。

貼心小提醒：
如欲增加濃度，亦可適度增加掛耳包浸泡於咖啡液的時間。

懶人包

- 濾掛式（掛耳包）咖啡粉量，一般標準量約 10 ～ 12 公克，建議萃取量 180 ～ 200ml。
- 分段注水時，須緩慢將熱水注入至九分滿後暫停，待水位下降至約七分滿時，再繼續注水，直至預定萃取量。
- 注水時要緩慢，特別是如無手沖壺，以家用熱水壺或開飲機直接注水時，不要過快造成溢出。
- 咖啡如欲加奶飲用，萃取咖啡時可放慢注水速度，並將萃取量減半，以提高咖啡濃度。
- 這款手沖壺是屬於細口壺，擁有水流穩定，掌控度佳的特性，而且還有多款顏色可供選擇，對於手沖咖啡新手而言，是不錯的入門選項

調整手沖咖啡風味的秘訣

想要將手沖咖啡沖好，就必須了解可能影響風味的變數，
並透過練習掌控變數之間及
萃取率的關聯，就可以依喜好調整出一杯「好咖啡」。

1. **研磨度：**這是最容易掌控的變數，搭配合適的研磨度才能得到適當的萃取率，因此擁有一台可以調整研磨度的磨豆機是很重要的。
   如果風味過於濃苦，就可以試著調粗研磨度，如果風味過於淡薄，就可以試著調細研磨度，但也需注意研磨度越粗則萃取率越低，雖較不易萃取出苦澀物質，但也要小心不要造成萃取不足。
   但有時是否會發現，換了一支不同烘焙度的咖啡豆，用同樣的研磨度沖泡，有時會覺得風味不夠到味，因此手沖咖啡時，建議以中度研磨來沖泡，也就是約比二號砂糖顆粒略細些的研磨度。如果淺烘焙度的咖啡豆，可以略調細一些，提升萃取濃度，深烘焙的咖啡豆則可以調粗一些，延緩苦味的釋出。

● 研磨口訣 ●

「研磨越細萃取率越高→風味易較濃；研磨越粗萃取率越低→風味易較淡」

2. **水溫：**沖泡咖啡時可先以慣用的研磨度不做改變，而以水溫調整的方式，來調整風味。若風味過於濃苦，就可以試著調低水溫；如風味過於淡薄，則可試著調高水溫。同時，沖泡適合的水溫常會因咖啡豆烘焙度成反比，以下溫度數值提供沖泡時參考：
   淺焙89～92℃、中焙 86～89℃、深焙83～86℃。

● 水溫口訣 ●

沖泡水溫與咖啡豆烘焙度成反比
溫度越高萃取率越高→風味易較濃；溫度越低萃取率越低→風味易較淡

3. **悶蒸：**是手沖咖啡的關鍵，其主要目的就是讓研磨後的咖啡粉內CO_2 排出，讓熱水進入粉內以利緊接下來的萃取。

悶蒸時間：一般約30秒，但隨著咖啡烘焙度也會有些改變，烘焙度愈深，悶蒸時間則可縮短，避免萃取過度出現焦苦味；烘焙度愈淺，悶蒸時間則可略增，避免萃取不足出現青澀味；例如：淺焙30～40秒、中淺焙 25～35秒、中焙20～30秒、中深焙 15～20秒、深焙 10～20秒

悶蒸水量：注水量需適中配合粉量，如果滴下至玻璃壺的量較多，表示注水量過多，則會妨礙咖啡粉內CO_2的排出。

● 悶蒸口訣 ●

悶蒸建議約以 1:2 的比例來注水，
也就是15克的咖啡粉配 30ml 的水，平均佈水於粉上，
同時也可觀察表面開始下凹，光澤感漸消失時即表示悶蒸完成。

4. **咖啡豆新鮮度：**咖啡豆若是夠新鮮，悶蒸時則可以看見咖啡粉表面漸漸隆起，但隆起的程度，除會受新鮮度、注水量影響外，咖啡豆的烘焙度及水溫也會影響，一般來說淺烘焙豆或注水溫度低，隆起程度會較不明顯；深烘焙豆、高水溫隆起程度會較明顯。
一般新鮮咖啡豆CO_2含量高，研磨後可以稍等1～2分鐘，讓粉內氣體散掉一些，惟同時須將咖啡豆烘焙度的影響一併考量。

5. **咖啡豆烘焙度：**咖啡豆烘焙時與豆體內部纖維質破壞度成正比，因此烘焙度越高萃取率越高，烘焙度越淺則萃取率易低。但有時烘焙度外觀雖相近，烘焙手法不同，也可能會影響萃取效果。

● 烘焙度口訣 ●

烘焙度越淺，適用萃取水溫會越高；烘焙度越深，適用萃取水溫會越低。

6. **注水速度：**影響咖啡粉與熱水接觸的時間，因此注水速度越慢，萃取率越高口感易趨近濃厚，注水速度越快，萃取率越低口感易趨近淡薄。

7. **注水高度：**影響注水衝擊與翻攪力道，注水高度越低會讓水流趨緩，粉水接觸時間久，萃取率越高口感易趨近濃厚，但如過低易造成細粉堵塞濾紙，造成萃取過度；注水高度越高會讓水流趨強，粉水接觸時間短，萃取率越低口感易趨近淡薄，如破壞過濾粉層直接穿過濾紙流下，就容易喝到水味。

8. **咖啡豆與水的比例：**一般多使用1:10～1:18做為粉水比例，也就是1克的咖啡豆，配上10～18ml的水；我個人常以1:14比例沖泡，也就是以15克的咖啡豆配上210ml熱水沖泡。
粉水比越低口感濃度易趨近濃厚，粉水比越高口感濃度易趨近淡薄。

9. **咖啡金杯理論（Golden Cup）**
咖啡沖泡變數可以說是調整風味的工具，但是風味好不好喝的標準如何確認呢？當然也可以自己喜歡喝就可以，但其實還有更客觀的標準供參考。

同場加映：咖啡金杯理論

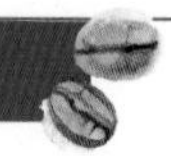

在新鮮咖啡豆為前題下，決定一杯咖啡是否美味有兩大關鍵：萃取率與濃度（TDS）

萃取率：

- 萃取率＝咖啡粉中溶出物重量（克）／咖啡粉重量（克）
  （咖啡粉中溶出物重量＝咖啡成品 X 濃度）
- 咖啡豆內可溶性物質，最大萃取率約為28～30%，也就是其於約有70%為無法溶解的木質部纖維質。
  最佳萃取率18～22%
  萃取率不足 —— 咖啡風味易出現單調的尖酸青澀。
  萃取率過度 —— 咖啡風味易出現混濁的鹹苦澀感。

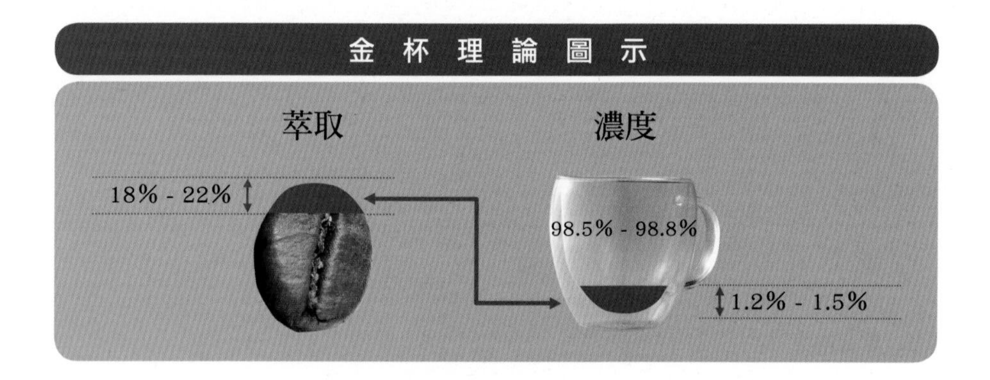

濃度：

- TDS 濃度（%）＝萃取滋味物重量（克）／咖啡液容量（ml）
  最佳濃度1.15～1.5%
  濃度太低 —— 咖啡風味易感覺稀薄與水味。
  濃度太高 —— 咖啡風味易感覺過於厚重。

- 溫杯與否悠關飲用咖啡時的溫度與風味，一般來說咖啡高溫時是聞香最佳時機，溫熱時則可以開始品嘗風味層次。
- 咖啡豆烘焙度如是深焙～中深焙時，溫熱時飲用，最能突顯甜苦風味平衡，咖啡豆烘焙度如是中淺焙～淺焙時，咖啡溫涼時飲用，最易感受到水果酸甜滋味。
- 除以上變數與金杯理論外，咖啡萃取的風味序也是很重要的參考工具：
  酸→甜→苦→澀，因此必須多練習控制好每一個變數，也就是要掌控好萃取率的開始、過程與結束。
- 所有的變數，都會相互影響，並反應出萃取率與濃度的變化，因此單一討論的「變數原則」只是幫助快速入門的「參考」並非絕對，畢竟變數是牽一髮動全身，仍需從練習後的品嘗做調整，才能找出最適合自己的沖泡方式與風味。
- 手沖變數表：請試著動手記錄，體驗變數之間可能的關聯性。

		溫度		研磨度		悶蒸時間		新鮮度		烘焙度		沖泡時間	
		高	低	粗	細	長	短	佳	差	深	淺	長	短
溫度	高			V									
	低												
研磨度	粗												
	細												
悶蒸時間	長												
	短												
新鮮度	佳												
	差												
烘焙度	深												
	淺												
沖泡時間	長												
	短												

咖啡與五感美學

蔣勳在《美的曙光》一書中說：「手」是人類一切文明和創作的起始。
人類的手是一切美的起點……。因此藉由雙手創造出來的咖啡，
透過人類五種感官的活動，構成了生活的美學。手沖方法最能突顯黑咖啡美味的同時，
並聯結五種感官：嗅覺、味覺、觸覺、視覺、聽覺的綜合體驗。

- 想像一下置身在咖啡館裡，輕柔的音樂與咖啡豆研磨時交錯的聲音、打發鮮奶蒸氣的聲音、還有隱約隔壁桌聊天聲……這些是聽覺感官享受。
- 研磨咖啡豆陣陣飄來的乾香味、接著沖煮與飲用時的濕香味、奶泡的乳香味，這些是咖啡相關可汽化的成份，以嗅覺感官享受。
- 品嘗飲品的同時，還可以欣賞杯子的美、Espresso與Crema交互的顏色濃度、綿密奶泡與Espresso 交融出的拉花、黑咖啡的晶瑩剔透，這些都是視覺感官享受。
- 手持沉穩的手沖壺，還有手握咖啡杯可以是溫暖的、或冰涼的，這是手感的觸覺享受；又或者是咖啡液於口中滑順、輕柔的流動，這是咖啡不可溶的成分，以口腔觸覺感官享受。
- 品嘗咖啡時，酸、甜、苦以及產區風味，於口腔中展開，這些是咖啡可溶性的成分，以味覺感官享受。

- 除了透過五感可以增進我們對生活美學的體驗，如還有「情感」層面，那更是人生的享受了！
- 這就像與初戀情人，共品嘗一杯美味咖啡的記憶，不論多少年後你都會記得那份甜蜜。

咖啡的風味校正

沖出一杯好咖啡的前提，就是要先學會喝與聞，也就是要同時培養品味能力。
因為懂得品味的方法、懂得分辨風味，才能知道所謂「好咖啡的標準」，也才能發覺
一杯咖啡裡，有哪些好味道與不好的味道，我們才能依據「金杯理論」與利用
「沖泡變數」來做調整，因此讓我們來逐一了解喝的方法與品味技巧。

第一步 聞乾香（fragrance）：嗅覺

研磨咖啡豆後，熱水沖泡前，可先聞咖啡粉的香味。

咖啡最誘人之處，就是香味，這也是許多人開始被咖啡吸引的起點。香味多屬於高揮發性物質，在常溫下就會揮發，因此一磨好，可立即「品香」，隨後務必盡快沖煮。

第二步 聞溼香（aroma）：嗅覺

比起常溫的乾香的高揮發性物質，中揮發性物質則會溶解於高溫水中，因此於沖泡悶蒸時，也可一邊沖泡、一邊仔細品香，這時可以發覺香味會隨時間做變化，當然別忘了，飲用前又是品香的一個好時機。

- 務必先把沖煮器具、熱水等一切準備好後，才研磨咖啡豆，一研磨馬上品聞乾香。
- 品香的過程，就會先了解可能的風味走向，也就是可以藉由聞到各類揮發性物質預知可能的風味。例如常會聞到：花果香、水果味、焦糖甜、熟果味或酒香等等；當然也可能發覺瑕疵風味。

第三步 啜吸＋咀嚼：味覺＋觸覺

品香完成了，這時咖啡液的溫度也下降了些，正是可以試著以啜吸的方式來品嘗的好時機，啜吸的方式可以將咖啡液混和空氣後在口腔中擴散，讓口腔中的味蕾細胞充分接觸，這樣就能品嘗出更多的風味。

同時一杯好的咖啡可以從熱、溫、涼的溫度變化發覺不同的風味與口感，因此不要急著把咖啡囫圇吞棗喝下，也可試著「咀嚼」一下，感受咖啡於口腔中的醇厚度，也就是口腔觸覺，是滑順的、黏稠的，還是有澀感的。

- 啜吸這一招，建議在家多多使用，如到咖啡館品味時，還是小聲點慢慢品味。
- 飲品適口的溫度，雖是比人的體溫高 25 ～ 35 度，也就是約 65 ～ 70 度，但風味會隨溫度變化，所以喝咖啡可以熱、溫、涼，慢慢品味。

第四步 閉氣回吐氣：嗅覺

當我們緩緩喝下咖啡後，可以將嘴巴緊閉，然後慢慢透過鼻腔回吐氣，也就是利用鼻後腔嗅覺來感測「品香」，經過口腔混和唾液與體溫後變化後的風味。

第五步 後韻（aftertaste）：味覺＋觸覺

吞下咖啡液後，除可利用鼻後腔嗅覺補足感受香味外，還可感受留存在口腔內的味道，是否持久留香、或是回味無窮呢？還是只剩下苦味澀味揮之不去呢？

特別是如有瑕疵味，這時也容易原形畢露。

手沖咖啡新手常見 Q & A

對新手來說，在手沖咖啡的過程中常會碰到一些困惑，
或者因不正確的觀念導致咖啡風味不如預期。以下介紹一些新手常會遇到的問題，
操作前先參考，提升成功率！

Q：濾紙要不要先弄濕？

A：建議沖泡前，先以熱水將濾紙淋濕，這樣可以洗去紙味，特別是沖淺焙豆時，能讓咖啡風味更純淨。當然，如果你不介意紙味，不洗濾紙也可以。

Q：為什麼我的咖啡是酸味的？

A：有幾種可能性，第一，若使用的咖啡豆是淺焙或中淺焙的，那無論如何調整沖泡變數，只會影響酸味的層度，不太可能全然不酸。第二，若咖啡豆是中深焙，酸味仍感過強，可能是萃取不足造成，你可以試著調整其中一種變數，來調整風味，例如：研磨度調細、水溫調高。

Q：手沖時，注水高低會有什麼影響？

A：這會影響咖啡粉與水融合及翻攪的程度，注水高衝擊力強，易造成局部萃取不均。

Q：手沖注水的速度快慢，對萃取會有什麼影響？

A：繞注水的速度，直接影響粉水接觸的時間，注水快熱水可能會供應過多，水很可能來不及完整萃取就流到玻璃壺，造成萃取不足；注水得慢，則可能會萃取過度，但如濾杯中的液體都流完了，還未即時注水補充，反而可能造成萃取不足。

Q：為什麼坊間販售磨好的義式咖啡粉，手沖時水無法通過濾紙？

A：每一種器具須配合特有的沖泡變數，因此也都各有適合的研磨度，義式濃縮咖啡萃取的時間只有短短 20 ～ 30 秒，因此需要極細研磨才能迅速將風味完整萃取出。然而極細研磨的咖啡粉，反而會造成手沖時堵塞濾紙的孔隙，造成水流無法通過的狀況。

Q：手沖咖啡為什麼味道偏淡？

A：建議先檢視咖啡豆的量是否足夠，一般粉水比 約1:10～1:16間，如果比例適當，卻仍然感到過淡，可以增加豆量。此外，也有可能是研磨過粗或水溫過低等原因，造成萃取不足，那就必須調細研磨度或提高水溫了！

Q：為什麼手沖咖啡不能做花式咖啡呢？

A：花式咖啡屬於義式咖啡，是由濃縮咖啡加入鮮奶變化而來，而手沖咖啡濃度比起義式咖啡來說，風味與口感會較淡，因此加入鮮奶後，咖啡味容易被鮮奶味覆蓋。

Q：不鏽鋼網狀濾杯有什麼差異？

A：以不鏽鋼濾網沖泡，容易會有些微細粉隨注水流至玻璃壺，但同時咖啡油脂也易一同流下保留，口感易較醇厚。如果是以濾紙式濾杯沖泡，濾紙會將咖啡粉與油脂過濾掉，口感相對純淨。

Q：如何分辨咖啡粉是否新鮮？

A：手沖操作在悶蒸注水時，如果咖啡豆是新鮮的，咖啡粉表面會像馬卡龍般膨脹；如果不是新鮮的則不會膨脹。不過越淺烘焙的咖啡豆，膨脹程度較不明顯。

Q：咖啡粉過篩器有什麼優缺點？

A：咖啡豆研磨過程難免會產生較細的咖啡粉，即使再好的磨豆機，也難完全避免，這些細粉於沖泡時易造成萃取過度，或堵塞濾紙，因此可於沖泡前先以過篩器篩去細粉，讓咖啡粉研磨度更佳平均，萃取風味也更乾淨。但也有人認為，篩過再沖泡，咖啡風味太過於乾淨，層次感反而顯得單調喔。

Q：淋不淋濕濾紙，對之後的咖啡萃取有何須注意？

A：淋濕濾紙，倒入咖啡粉後，就須立刻注沖熱水，這樣比較不會影響到接觸濾紙面的咖啡粉，變相先沾濕萃取了。

Q：手沖壺有細口、粗口、鶴嘴……等等，那一支壺比較好用？

A：就新手來說，細口壺的款式比較容易掌控注水量，因此建議先以細口壺練習，達到穩定度再進階到其他款式。總之，重點是大小須適中，自己拿的順手即可。

Q：錐形濾杯與扇形濾杯有什麼不同？

A：除了外觀上的差易，最重要的是扇形濾杯的濾水孔比錐形濾杯的小，所以咖啡濾下的時間會比較長，也代表粉水接觸的時間較長，因此可以配合調整研磨度因應。

Q：為什麼有些手沖濾杯內側有肋槽，有的卻沒有？

A：濾杯內側的導水肋槽與濾紙間，會形成空隙，是為了於注水時，讓咖啡粉內的空氣（CO_2）可以透過這空隙順利排出。若是沒有內側肋槽的濾杯，就像KALITA 185蛋糕型濾杯，就會利用濾紙的波浪褶痕與濾杯間產生空隙，讓空氣導出。

Q：咖啡豆到底要不要放冰箱保存？

A：如果是購買新鮮咖啡豆，而且可以在2個月內用完，就不建議冰存於冰箱中。但如果咖啡豆一時無法用完，則可以分批分量，以雙層密封袋包裝，再放入冰箱中。

Q：咖啡豆如何選購、保存？

A：購買咖啡豆除了可以參考烘焙度、產地等，此外務必注意烘焙日期，也就是賞味期。咖啡生豆可保存1～2年，但烘焙後的咖啡豆至多只能保存2～3個月。保存時須避免光線、高溫、潮濕的環境，並且以單向透氣閥鋁箔袋或密封罐裝填，以隔絕空氣。同時越深焙的咖啡豆，賞味期也會越短。

Q：沖完沒有美美的粉牆是技術不好嗎？

A：手沖有許多變數，又延伸出許多沖法，很難單純只看有無粉牆來判定是否美味、是否技術不好，建議還是回歸以自己的感官來判定是否需要調整變數。

Q：有6個人要喝咖啡的話，是要一次沖6杯份量？還是一次沖1杯？

A：建議搭配使用的濾杯與手沖壺的最高沖泡量，再決定可以一次沖泡，還是須分次沖泡。

CHAPTER 4 創意咖啡

用手沖方式來做創意咖啡，

讓黃金蜜咖啡、咖啡歐蕾、客家擂茶咖啡、鴛鴦咖啡等，

變得更好喝了！現在就來試看看！

創意咖啡 DIY，Let's Go！

黃金蜜咖啡

材料

淺焙或中淺焙咖啡豆15克、金棗果醬（或水蜜桃果醬）15克、檸檬汁5ml、糖水10 ml、冰塊些許

器具

手沖壺、濾杯、濾紙、雪克杯、電子秤、溫度計

步驟

① 先將雪克杯裝入8分滿冰塊。

② 濾紙折好攤開，裝入濾杯。

③ 放置於雪克杯上方。

④ 參照p.62～65手沖方式，循序漸進沖出咖啡，沖完咖啡後移走濾杯。

⑤ 將果醬、檸檬汁、糖水適量加入雪克杯內。

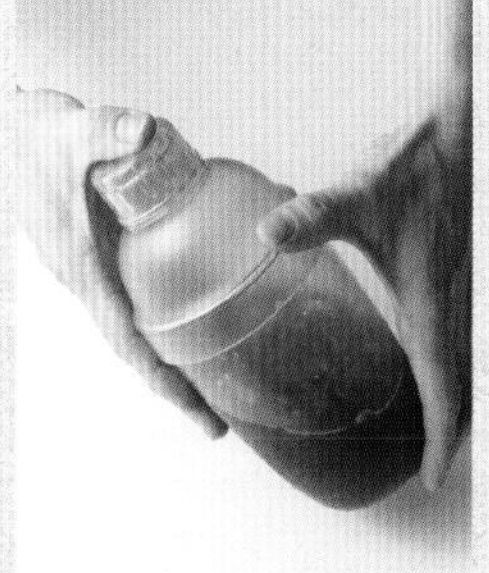

⑥ 開始搖晃雪克杯。

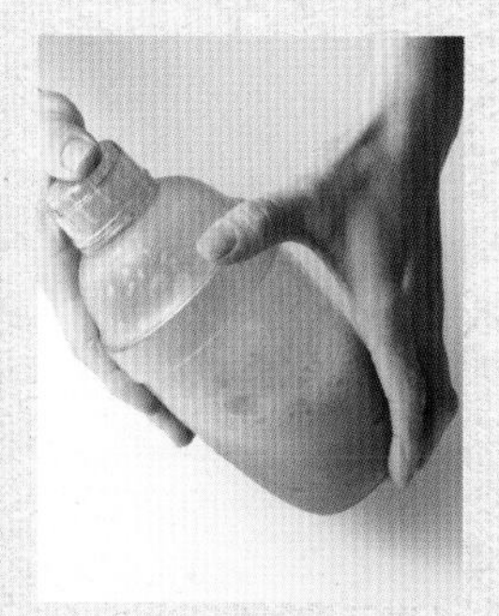

⑦ 待雪克杯表面起霧，表示融合完成。

⑧ 先倒出雪克杯裡液體部分。

⑨ 再倒入冰塊、果泥、泡沫

⑩ 最後刮檸檬皮絲於泡沫表面增添香氣。

⑪ 完成一杯清爽咖啡冰飲。

咖啡歐蕾

材料

中深焙或中焙咖啡豆 15 克、卡魯哇酒 10ml、鮮奶 150ml、糖適量

器具

手沖壺、濾杯、濾紙、玻璃壺、電子秤、溫度計、奶泡壺

步驟

① 濾紙折好攤開，裝入濾杯。

② 將濾杯置於玻璃壺上方。

③ 參照p.62～65手沖方式，循序漸進沖出咖啡。

④ 沖出咖啡的量約80～100ml，即正常沖出咖啡量的一半，移走濾杯。

⑤ 鮮奶加熱至約60℃。

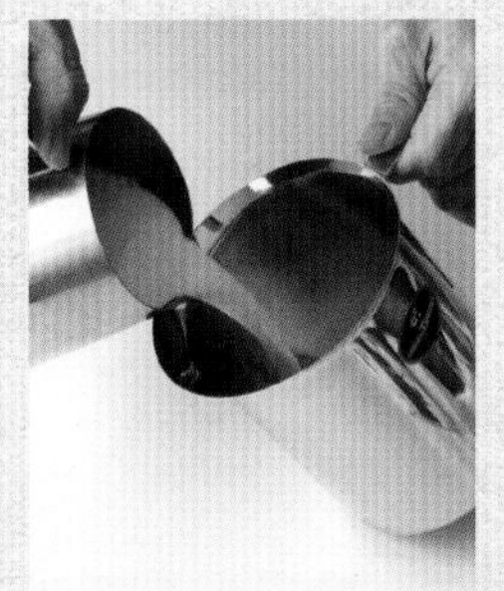

⑥ 倒入奶泡壺打發。

⑦ 緩緩倒入打發後的鮮奶。

⑧ 再倒入咖啡。

⑨ 咖啡歐蕾完成，糖、蜂蜜依各人喜好添加。

溫馨提醒

- 鮮奶與咖啡1:1比例，也就是鮮奶與咖啡各100ml或鮮奶與咖啡7:3比例，類似拿鐵口感，當然都可依個人喜好調整。如天氣冷，加些卡魯哇酒，約10～30ml，喝下去即可感到緩緩的暖意升起。
- 奶泡壺打發方式：倒入熱鮮奶約奶泡壺1/2略低的量，先快速於鮮奶間抽動，並逐步隨奶泡高度增加抽動高度，約來回抽動20～30下，結束前慢速抽動約5～10下後，再靜置2～3分鐘綿密奶泡即可完成。

客家擂茶咖啡

材料

中焙咖啡豆 15 克、擂茶粉 15 克、鮮奶 150ml、糖適量

器具

手沖壺、濾杯、濾紙、玻璃壺、電子秤、溫度計、奶泡壺

步驟

① 濾紙折好攤開，裝入濾杯。

② 將濾杯置於玻璃壺上方。

③ 參照p.62～65手沖方式，循序漸進沖出咖啡。

④ 沖出咖啡的量約80～100ml，即正常沖出咖啡量的一半，移走濾杯。

⑤ 鮮奶加熱至約60℃。

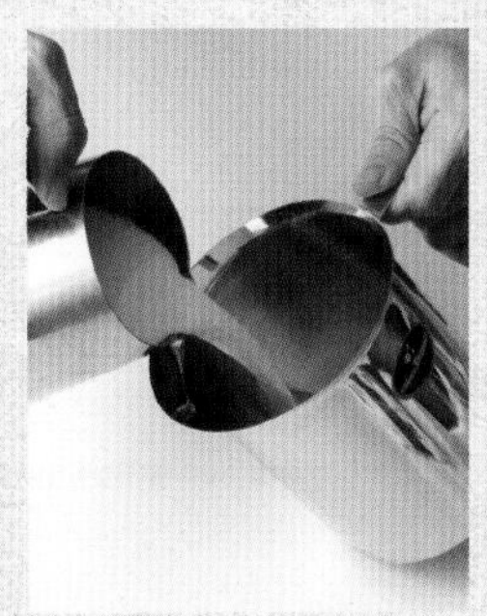

⑥ 倒入奶泡壺打發。（註：打發方式）

⑦ 鮮奶打發後，加入擂茶粉攪拌均勻。

⑧ 先倒入咖啡。

⑨ 再緩緩倒入打發後的擂茶鮮奶。

⑩ 表面撒一些擂茶粉裝飾，糖、蜂蜜依各人喜好添加。

溫馨提醒

- 擂茶鮮奶與咖啡1:1比例，也就是擂茶鮮奶與咖啡各100ml，或當然都可依個人喜好調整。
- 奶泡壺打發方式：倒入熱鮮奶約奶泡壺1/2略低的量，先快速於鮮奶間抽動，並逐步隨奶泡高度增加抽動高度，約來回抽動20～30下，結束前慢速抽動約5～10下後，靜置3分鐘綿密奶泡即完成。

鴛鴦咖啡

材料

中深焙或中焙咖啡豆 15 克、紅茶葉、鮮奶 150ml、糖適量

器具

手沖壺、濾杯、濾紙、玻璃壺、電子秤、溫度計、奶泡壺

步驟

① 濾紙折好攤開裝入濾杯。

② 將濾杯置於玻璃壺上方。

③ 參照p.62～65手沖方式，循序漸進沖出咖啡。

④ 沖出咖啡的量約80～100ml，即正常沖出咖啡量的一半，移走濾杯。

⑤ 紅茶葉先略加一些熱水溫潤，讓茶葉展開。

⑥ 加入適量的鮮奶。

⑦ 紅茶與鮮奶一同煮，讓茶香融入鮮奶中。

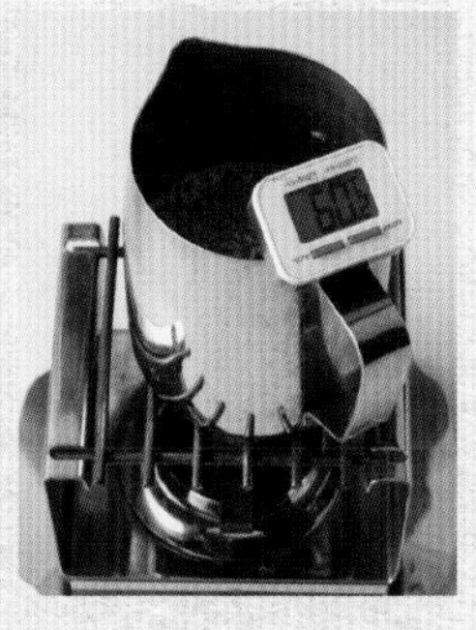

⑧ 鮮奶煮至約60℃。

⑨ 濾掉茶葉。

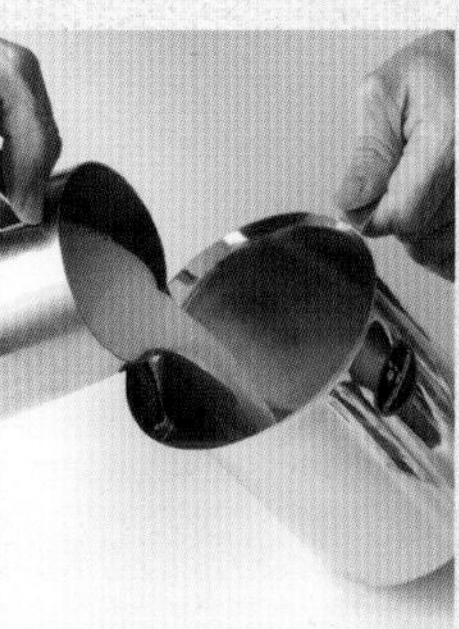

⑩ 將煮好的鮮奶倒入奶泡壺打發。（註：打發方式）

⑪ 緩緩倒入打發後的茶鮮奶。

⑫ 再倒入咖啡。

⑬ 糖、蜂蜜依各人喜好添加後即完成。

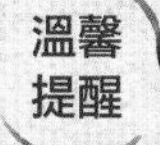

溫馨提醒

- 推薦鮮奶與咖啡1:1比例，可依個人喜好調整。
- 奶泡壺打發方式：倒入熱鮮奶約奶泡壺1/2略低的量，先快速於鮮奶間抽動，並逐步隨奶泡高度增加抽動高度，約來回抽動20～30下，結束前慢速抽動約5～10下後，靜置3分鐘綿密奶泡即完成。

CHAPTER 5
咖啡的好搭檔

美味的手沖咖啡，怎麼可以沒有好甜點來搭配？

香吉士奶油磅蛋糕、金磚費南雪、雪球餅乾、

咖啡凍、卡滋卡滋檸檬片、肉桂蜜杏仁豆等都是不錯的選擇！

現在來杯迷人的手沖咖啡，搭配最麻吉的甜點，

好好的來一場午茶盛宴！

香吉士奶油磅蛋糕

適合搭配：厚實口感的中深焙咖啡，例如印尼曼特寧、綜合中深焙豆

用保溫膜密封，放冷凍，可保存約一個月。常溫保存可放一週。可常溫品嘗，或加熱食用。

材料 2條

模具18cm*9cm____2個
香吉士皮____2個
糖____300克
蛋____6個
低筋麵粉____300克
無鹽奶油____300克

做法

1. 將無鹽奶油放室溫回軟、將蛋放至室溫退冰。
2. 烤箱先預熱180℃。
3. 將香吉士皮刮下備用，只取表皮，避免刮到白色的部分，白色部分會產生苦澀。
4. 將蛋與糖加入，攪拌到膨鬆、顏色變淡。
5. 低筋麵粉過篩後分三次加入步驟4中，並拌勻成為麵糊。
6. 取1/3麵糊至奶油拌勻，再將這拌上奶油的麵糊倒入原先的麵糊中，用打蛋器拌勻。
7. 加入香吉士皮拌勻即可。
8. 將麵糊倒入模型後，入烤爐前模型盒敲一下，將麵糊裡的空氣敲出。
9. 放入預熱的烤箱：上火180℃/下火180℃烤40分。
10. 出爐脫模、冷卻。

費南雪（金磚）

適合搭配：水果調性風味的淺烘焙咖啡，例如衣索比亞 耶加雪菲、巴拿馬藝伎

屬於常溫蛋糕，放至隔天再品嘗，口感會更綿密，是最佳賞味的時機。冰箱冷藏1～2天再食用，風味更佳，也可加熱食用。

保存期限約4天。

材料　10個

蛋白____4顆
細砂糖____40克
鹽____1克
蜂蜜____10克
低筋麵粉____25克
杏仁粉____115克
無鹽奶油____115克
蘭姆酒____10克
蔓越莓乾____10顆（表面裝飾）

做法

1. 將無鹽奶油置於室溫回軟，蛋白置於室溫退冰。
2. 蔓越莓乾以蘭姆酒浸泡。
3. 蛋白和糖用打蛋器攪拌，把糖攪拌融化即可。
4. 加入蜂蜜、鹽並拌勻。
5. 加入篩過的低筋麵粉。
6. 加入杏仁粉拌勻。
7. 分三次加入融化的無鹽奶油，用打蛋器拌勻。
8. 拌好的麵糊呈光滑狀，以保鮮膜覆蓋，置於冰箱冷藏，隔天從冰箱取出。
9. 麵糊裝入乾淨塑膠袋，再擠入模型內約八分滿，並於上方放入一顆蔓越莓乾。
10. 烤箱預熱180℃。
11. 放入烤箱，以上火180℃/下火180℃烤約16分鐘。
12. 出爐脫模、冷卻。

雪球餅乾

適合搭配：中烘焙的咖啡，例如非洲的肯亞及中美洲巴拿馬、尼加拉瓜蜜處理

圓滾滾小雪球，不甜不膩甜鹹酥鬆的口感，是下午茶的好朋友。

材料 約25個

核桃____60克
無鹽奶油____140克
糖粉____50克
蛋黃____2個
低筋麵粉____200克
杏仁粉____30克
起司粉____20克

做法

1 將無鹽奶油置於室溫回軟，蛋黃置於室溫退冰。
2 烤箱預熱。
3 將核桃放入烤箱用150℃烤8分鐘取出，放涼切碎。
4 將無鹽奶油以打蛋器打發至乳霜狀態，加入糖粉攪打至泛白（打蛋器拿起後的尾端蛋白呈站立狀）。
5 加入蛋黃並以打蛋器拌勻即可。
6 分二次加入篩過的低筋麵粉拌勻。
7 加入杏仁粉拌勻。
8 加入起司粉拌勻。
9 最後加入切碎的核桃粒，混合均勻。
10 將麵糰用手取出小塊約20克，在手心搓圓，放入烤盤。
11 放入烤箱，以上火160℃/下火160℃烤20分鐘。
12. 出爐，冷卻。
13 以濾網篩上糖粉。

咖啡凍

大人口味的點心，吃的時候可以搭配冰淇淋或是淋上鮮奶油！

材料　2個咖啡凍

咖啡豆____40克（咖啡豆烘焙度，中焙或中淺焙均可）
熱水____250ml
糖____30克
吉利丁片____2片

做法

1　以冰水把吉利丁片泡軟。
2　中烘咖啡豆請參照P.57～61。中淺烘焙咖啡豆請參照P.62～65。
3　把萃取好的熱咖啡液倒入碗裡，加入已泡軟的吉利丁片及糖並拌至融化。
4　隔冰水降溫。用橡皮刮刀慢慢攪拌，切記不要攪出泡泡。
5　待液體變濃稠了，以湯匙舀入杯子裡。若表面有泡泡，就以小湯匙撈掉。
6　放進冷藏冰鎮30分鐘，使咖啡凍凝固後，加入冰淇淋或鮮奶油並用薄荷葉點綴即可。

卡滋卡滋檸檬片

吃的時候把薄片兩端將糖兜起來，一口氣放入口中細細咀嚼，即可體會酸、甜、苦微妙的箇中滋味。

檸檬清香不酸、糖顆粒卡滋卡滋，成了意外的口感。

材料

咖啡豆____20 克（建議中烘焙的咖啡豆）
檸檬____一顆
二砂糖____20 克

做法

1　檸檬切薄片擺盤。（建議越薄越好）
2　咖啡豆磨成粉（建議同手沖的刻度或再粗一些）。
3　在檸檬片上滿滿地鋪上一層糖、撒上咖啡碎粒，亦可再淋上焦糖漿。

肉桂蜜杏仁豆

辦桌嗰嘴小零嘴～

適合搭配：中深烘焙咖啡，例如瓜地馬拉 花神、新幾內亞、巫師五號配方豆

材料

生杏仁豆____250克
肉桂粉____2克
二砂糖____60克
牛奶____25ml

做法

1. 烤箱先預熱。
2. 將生杏仁豆平鋪在烤盤裡，150℃烤8分鐘。
3. 將肉桂粉、二砂糖混合，倒入鍋中隨即用小火加熱，再倒入牛奶拌勻，當呈糖漿狀且冒泡時熄火。
4. 加入烤好的杏仁豆，並快速攪拌均勻，使每個杏仁豆都裹上糖衣，取出平鋪放涼即可。

COOK50150

手沖咖啡的第一本書

達人私傳秘技！新手不失敗指南

國家圖書館出版品
預行編目資料
手沖咖啡的第一本書
——達人私傳秘技！新手不失敗指南
郭維平著 --初版.--台北市：
朱雀文化，2016.03
面； 公分，--（Cook50；150）
ISBN 978-986-92513-5-8（平裝）
1.咖啡
427.42

出版登記北市業字第1403號

作者■郭維平、鐘依姍（點心部分）
攝影■林宗億
美術設計■鄧宜琨
編輯■劉曉甄
校對■連玉瑩
行銷企劃■石欣平
企畫統籌■李橘
總編輯■莫少閒
出版者■朱雀文化事業有限公司
地址■台北市基隆路二段13-1號3樓
電話■(02)2345-3868
傳真■(02)2345-3828
劃撥帳號■19234566 朱雀文化事業有限公司
e-mail■redbook@ms26.hinet.net
網址■http://redbook.com.tw
總經銷■大和書報圖書股份有限公司（02）8990-2588
ISBN■978-986-92513-5-8
初版二刷■2016.10
定價■299元
出版登記■北市業字第1403號

特別感謝：米家貿易有限公司、TIAMO禧龍企業股份有限公司支援場地與器具拍攝

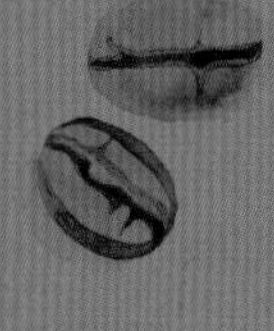

憑截角享有
313 CAFÉ
好康優惠二擇一
和課程折價券

單買**咖啡豆**享 9 折優惠

（咖啡豆品項以現場為準，優惠恕不併用）

購買**咖啡豆**

＋

手沖咖啡組

（Driver 金屬濾網＋玻璃壺＋手沖壺）

享 9 折優惠。

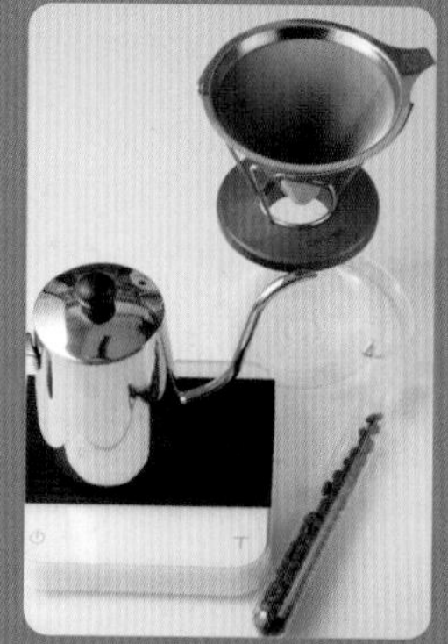

此組合不包含照片中左下方的電子秤

313 CAFÉ

地址：台北市信義區基隆路二段19-1號

電話：（02）2725-1377

營業時間：週一～週五am7:45～pm5:00

週六am11:30～pm5:00

交通：捷運信義線世貿/101大樓站2號出口

臉書：http://www.facebook.com/27251377cafe/